ようこそドボク学科へ!

都市・環境・デザイン・まちづくりと土木の学び方

監修／佐々木葉
編著／真田純子・中村晋一郎・仲村成貴・福井恒明

学芸出版社

まえがき

こんにちは。ドボクの世界へようこそ。

え、別にドボクの世界に入ろうと思っているわけじゃないけど、という人もいるかもしれない。まあ、あまり気にしないで。ともかくこの本を手にとってページを開いてみたのだから、なんとなく「ド・ボ・ク」という語が気になったわけだ。ちょっとした縁だと思って、もうすこし、読んでみてほしい。

多分「土木」という言葉を聞いたことがないという人はいないだろうし、皆何らかのイメージを持っているだろう。職業のひとつとして。あるいは理工系学問のひとつとして。見方によっては「建築」と近いような、はたまたまるで違うような。でもまあ、とにかく〝何かものをつくる仕事〟という理解は共通しているはず。それも小さいものでなく大きいもの。体を使って、機械を使って、ときに泥にまみれて。

はい、その通り。でもじつはそれって、「土木」のほんの一面でしかないのだ。

この本は、大学などでドボクを学ぼうとする人から、「あれ、もしかするとここってドボクだったの？」と学科に入ってから感じている人、さらには、何だかよくわからないけれど、もやもやっと、建築・建設・まちづくり・環境・都市・デザイン、なんていう言葉に興味がある人、そんな人たちに向けて、「土木」を超えた「ドボク」の魅力をお伝えし、それを学ぶためのお手伝いをしようという本だ。ドボク的マインドをもった元気な先輩たち総勢74名が書いてくれた。

なお、先行して『ようこそ建築学科へ！』という本が同じ学芸出版社から出ている。この本は文字通りその姉妹本である。進学に際して、土木と建築の違いがよくわかっていない人も多い。読み比べてみるのもよいだろう。土木は、建築以外にも環境系の学科との接点も多い。そもそも現代では、学問の領域がどんどん混ざり合い、広がっている。ひとつの学問分野で完結させることのほうが難しい。だから、ドアの前でうろうろしていても何も始まらない。先ずは扉を開けて前に進むことだ。

そう、この本を手に取ったのも何かの縁。この本をきっかけにして、ぜひあなたの自身の目で、あなたならではのドボクの世界を発見し、広げていってもらえればと思う。

佐々木葉

目次

CHAPTER
1 学科紹介 13

CHAPTER
2 学校生活 33

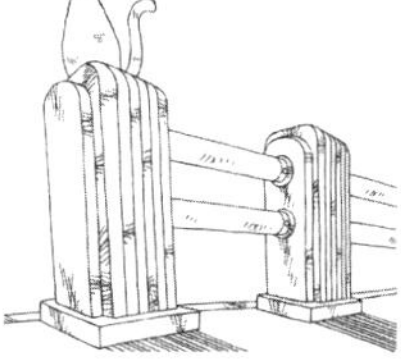

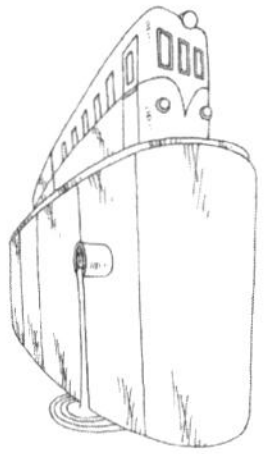

CHAPTER 5
ドボク学生のハローワーク

ドボクって？

最初に言ってしまうと、この本のまとめ役をしている私は土木の出身ではない。早稲田大学理工学部建築学科卒業。でも今は早稲田大学の元土木工学科だった社会環境工学科にいる。建築学科を卒業し、大学院は社会開発工学専攻に進み、電力系研究所の経済部に就職、それから三つの大学で土木系と情報社会系の学科をあちこち渡り歩いてきた。そんな私が土木、あるいはドボクを語るのは変かもしれないが、それを許容してしまうのもドボク。多様な人を歓迎してくれる。

『ようこそドボク学科へ！』という書名でも用いたカタカナの〝ドボク〟には、土木系のさまざまな名称の学科を総称する意味を込めている。例えば早稲田大学は2003年に土木工学科を社会環境工学科に改編した。この十数年で多くの大学が土木という名前に別れを告げ「都市・環境・地域・社会・基盤・デザイン・まちづくり」といったキーワードの新しい学科名を選びはじめた。理由は、「土木」という日本語が今の若い人たちにはあまりピンとこないらしいこと、そしてなにより土木の仕事や専門領域が一層広がりを持ち、かつての土木工学科の枠に収まらなくなったからで、建築出身で景観を専門とする私が土木の仲間に入っているのもそのためだ。

一方、土木の仕事自体は人類の誕生とともに始まり、人が社会生活を続ける限りなくならない。石を積んで橋を造る技術は、何千年も前に生まれて今なお当たり前に生かされている。ものすごく高度な技術があるかではなく、高度な技術とシンプルな技術、その幅の広さで世界の豊かさが決まる分野なのだ。対照的なのは、例えばコンピュータの世界。スマホが普及するとガラ携があっという間に消えていくように、新しい技術がでてきたとたんに古い技術が価値を失う。いまやデータをパンチカード（ロール紙にあけた無数の穴でデータを記録する方法）で入力する人はいないし、そんなものがあったことすら皆さんは知らないだろう。

ドボクの建設技術は、きわめて高度な技術革新が起きても、シンプルでローテクな技術にも意味や価値があり続ける。道をつくり、水を引き、エネルギーを使い、環境から人を守り、環境自体を護る。ひとりではできないから、皆が力を合わせる。そうして蓄積されてきた人類数千年の土木技術に敬意を払いながら、今この社会が求める広がりを自由に構想し、人の暮らしを支える仕事をおおらかにしていこう。そういう分野を、ここでは「ドボク」と呼ぶことにしたい。

佐々木葉

1

CHAPTER

学科紹介

ドボクとの出会いは人それぞれ。あなたがドボクに興味をもったきっかけもさまざまだろう。例えば、防災、橋、河川、まちづくりなどのキーワードが気になったのかもしれない。しかし、ドボクはとても幅広い分野だ。まずは、ドボクは何を対象にしていて、どんな立場の学問なのか、どう学ぶのかについて見通しておこう。(福井恒明)

ドボク学科で学ぶこと

あなたが入った学科の名前には土木という言葉が入っているだろうか。都市、社会、環境、デザイン……そんな名前のドボク学科も多い。であれば、私たちドボクの人間が誇りと愛着を持って呼ぶ〝ドボク学科〟かどうかは、どうやって判断するのだろう？

それは〝社会基盤〟を対象としているかどうかだ。社会基盤は英語ではインフラストラクチャー、略してインフラとも言われる。人の手がほとんど入っていないアマゾンの奥地と日本の都市を比べてみると、日本では人が活動するために土地が整えられ、道や橋や鉄道があり、電気や水道などが引かれている。こうしたものがあるから人間は便利で快適に住み、働き、さまざまな活動をすることができる。このような現代文明を支える装置やそれを使うしくみが「社会基盤」「インフラ」だ。インフラを直訳すれば〝下部構造〟、人間の活動を支える舞台装置というイメージである。

朝、山奥の水源から家まで引かれてきた水道で顔を洗い、トイレで流した汚水は下水道を通

って処理場で浄化され、海や川に放流される。家を出れば整備された道路を歩き、信号システムを利用して横断歩道を安全に渡り、遠くの発電所からはるばるやってきた電気を使う鉄道に乗り、通信網を使ってスマホで通信し……と、改めて考えてみると私たちの暮らしは社会基盤から切り離せないことに気づくだろう。

ドボクの目的は社会基盤のシステムを使い、将来にわたって持続可能な社会の基礎をつくることだ。切り口は四つある。①安全：自然災害の被害を減らし、安全な都市や社会を構築する。社会基盤施設の事故で犠牲者を出さない。②環境：自然を尊重し、生物多様性の保全と循環型社会を構築する。社会基盤に関する環境問題を解消する。③活力：社会基盤システムを使って人々の交流や商品のやりとりを活性化し、経済活動の持続や発展に役立てる。④生活：風土・文化・伝統を大切にした都市や地域を実現し、子どもから高齢者まで生き生きと暮らせる社会の基礎をつくる。

大きな目標だと思うかもしれない。だが皆さんの先輩は、これらの使命をもつ土木技術者（シビルエンジニア）として長年これらに取り組んできた。

シビルエンジニアとして社会に貢献するには、社会基盤システムの意義や技術を学び、広く複雑な社会問題の解決のために横断的な知識や価値観を得る必要がある。ドボク学科は、それを学ぶ場所なのだ。

福井恒明（ふくい つねあき） 法政大学デザイン工学部都市環境デザイン工学科教授。1970年東京都生まれ。1995年東京大学大学院工学系研究科土木工学専攻修士課程修了。清水建設（現場・本社設計）・東京大学・国土交通省国土技術政策総合研究所などで、さまざまな角度から土木の景観に携わる。2012年より法政大学。得意科目／幹事役。苦手科目／数学・土質力学。バイト経験／塾講師・家庭教師・模型製作・シンクタンク。

ドボク学科ならではの大学選び

日本全国には60を超すドボク学科がある。ドボクを志すみなさんは、この中からひとつの大学を選択するわけだ。それは大変難しい決断である。私も大学選びには大変苦労した覚えがある。「両親の負担を考えれば地元の大学が良いのではないか」「今の成績では○○大学は厳しいのではないか」などなど、考え出したら切りがなかった。ここではドボク学科への進学を考えている皆さんへ向けて、大学選びで考慮してほしい二つのポイントを紹介したい。

ひとつ目のポイントは大学の場所である。ドボク学科に限らず、大学の場所は最も関心の高い大学選びのポイントだろう。だが、ドボクを学ぶ皆さんには、この「場所」にとことんこだわってほしい。なぜならドボクほど「場所」に根差した学問はないからだ。土木工学は、地域の風土と文化を理解し、そこに住む人々が安心・安全で文化的な生活を送るための基盤をつくる学問である。よって、その場所を読み解く力は土木技術者にとって最も大切な素質のひとつである。学ぶ場所は、皆さんが地域を読み解く素養を磨く、または技術者としての価値基準を

築くとても大切なホームになる。私は東京でドボクを学んだ。そして現在は都市部の河川を専門にしている。大学の場所がそのまま専門へと繋がった。また大学によっては地域の特色に合わせたカリキュラムを組んでいるところもあるし、研究のフィールドは大学のある地域が対象になることも多い。

二つ目のポイントは先生である。土木工学は〝経験工学〟の側面が今でも色濃く残っている学問である。言いかえれば、職人的な教育・技術を大切にしている学問ということである。実際の土木の設計や施工の過程においても、先輩から後輩へと受け継がれる技術や考え方も多い。よって、どのような先生のもとで学ぶかは、これからドボクの世界で生きて行くうえでとても大切な選択となる。最近ではどの大学でも、教員名簿をホームページに掲載していたり、教員や研究室がホームページを開設していたりするから、その大学にどのような先生がいるのかを下調べするのはそれほど難しくないだろう。だが私は、やはり実際に先生に会ってみることをおすすめしたい。実際に会えば、その先生の人柄や土木への熱意に直接触れることができる。ドボク学科の先生たちはいつでも皆さんへと門戸を開いている。遠慮なく訪問してみるといい。きっと素晴らしいドボク学科の先生に出会うことができるはずだ。

中村晋一郎（なかむらしんいちろう） 名古屋大学大学院工学研究科社会基盤工学専攻講師。1982年宮崎県生まれ。2006年芝浦工業大学工学部土木工学科卒業。2008年東京大学大学院工学系研究科社会基盤学専攻修了。パシフィックコンサルタンツ㈱で河川・防災計画に携わったあと、東京大学「水の知」（サントリー）総括寄付講座特任助教などを経て、2014年より現職。得意科目／河川工学。苦手科目／土質力学。バイト経験／バーテンダー、塾講師。

幅の広さがドボクの強み

ドボクが対象とする施設・構造物は、橋・ダムなど規模のでかいモノが多い。国土計画・都市計画などの広域な空間づくりもドボクの範疇だ。だがここでは、そういったモノや空間そのものではなく、大学卒業までに感じられるであろうドボクの幅広さを紹介したい。

学問体系でいうとドボクは工学に分類される。まず、数字や数式を使って現象を説明することが多いので数学が得意なのは有利だ。そして物理、なかでも力学は、構造力学・地盤力学・水理学など主要な力学系専門科目の礎だ。化学は、材料学・上下水道工学・環境工学などで頻繁に登場する。地学が好きな人は地盤工学・河川工学・防災工学などに取りかかりやすいだろう。また、自然と密接に関わるので生物は欠かせない。計画系科目では法律も学び、都市やまちの形成に歴史や地理の知識を大いに活用できる。絵を描くなどの美術的センスはデザインや景観に活かせる。国内外の資料や論文を読み書きしたりするから、国語や英語も必須だ。測量実習や実験では体力も必要だ。数値解析や電子地図作成にはコンピュータを駆使する……これ

だけ豊富に揃うと、誰しも多少ならず好き、あるいは得意な科目があるだろう。つまり、どんな興味も受け入れるだけの懐の深さが、ドボクにはある。

一方で、対象領域が広いことに戸惑いを感じる人もいるだろう。でも悲観しないでほしい。人それぞれに得手不得手があるのが普通だ。かくいう私は数学や物理が得意なわけではない。最初に興味を抱いた「地震防災」に取組むには、数学や力学が有用な武器になることを後々になって痛感した。構造物や地盤の揺れの特徴を把握することが重要だからだ。もちろん自分の興味があることだから、苦手が〝得意〟に変わることもある。しかし、どう頑張っても苦手な分野はどうすればよいか。大丈夫、心配することはない。友人、先輩、先生に質問すればよい。私もたくさんの人の力を借りて学んできた。さまざまな専門家が集結してひとつのモノや空間が造られていくのがドボク。多様な専門分野をひとりで負う必要はない。逆に友人から聞かれたら、惜しみなく力を貸してあげよう。そうすることでお互いの理解が進むばかりか、コミュニケーション能力も磨かれていく。仕事に就いてからも、そんな姿勢が活かされる。

ドボクを学べば、興味を抱く専門分野がきっと見つかるはずだ。そして、学びながら自分自身の度量もでかくしてほしい。

ドボクは器がでかいし、器のでかい人たちが活躍する場なのだ。

仲村成貴（なかむら まさたか） 日本大学理工学部まちづくり工学科准教授。1972年埼玉県生まれ。1997年日本大学大学院理工学研究科土木工学専攻修了。得意科目／構造力学、実習・実験系科目。苦手科目／水理学。バイト経験／スポーツ用品店、宅配便配送、イベント補助、家庭教師など。

ドボクの周辺学科その一――建築学とのちがい

ドボクと建築、その違いは一言では説明しづらい。「構造物を建設するための学問」という大きな括りでは、同じ分野ともいえる。学科としては建築と一括り、中に入ってからコースで分かれていくという学校もあるため、よくわからず建築だと思ってドボク学科に入ってくる学生さんも多い。カリキュラムや仕組みによる区別は、学校によってさまざまなのが現状だ。なのでここでは、建築学科出身だった私がドボクの世界にやってきた時の驚きや経験から、「建築」と「ドボク」、二つの世界を比較してみたい。

それはまず、「国土」という言葉で語れると思う。建築を学んでいたとき、私は「国土」という言葉を口にしたことがなかった。だが、ドボクの世界では日常的に使われている。これは非常に新鮮だった。「国」でも「国家」でもなく、「国土」。つまり、考えているスケールが少なくとも日本列島くらいの大きさで、山あり川あり平野ありの大地の上での思考展開、というインパクトがこの言葉にはある。建築が、大なり小なり与えられた敷地のなかで勝負せざるをえないのに対して、なんとまあ視点の違うことか。たとえそれが小さな橋や広場のデザインであっても、それをはるかに超越する、時間と空間の広がりを思うという感覚が、ドボクには常に存在するのだ。

もう一点は、仕事の仕方である。よく言われるのは、建築は設計した建築家の個人名が出るが、ドボクは特定の個人名が出ない仕事だということ。それはつまり、国土を描くという、チームとして力を合わせなくては成しえない大きな仕事であること、そして名もない多くの人々のために資する仕事であることを意味している。とはいえ建築も、建築家ひとりで何ができるわけもなく、逆にドボクにしたって、最終的には個人の能力がモノの質を決めるのだが。

ようはドボクと建築、いずれにしてもそれぞれに世界は広く、そしてどちらも面白いということだ。だから迷ったら、まずは直感で飛び込んでみてほしい。どちらに足を踏み入れるかよりも、入った学科のなかで何を学び、どういう仕事をしていくかを探す方が前向きだ。この本の姉妹本『ようこそ建築学科へ！』と読み比べてみてもいいかもしれない。違う学科の友達をつくり、その学科の授業を聴いてみることだってできる。どんな分野も、学科名はただの看板にすぎない。そこで出会った先生や人々から刺激を受けて、自分の道をつくっていくことに、学びの醍醐味があるのだから。

佐々木葉（ささき よう） 早稲田大学創造理工学部社会環境工学科教授。1961年神奈川県生まれ。早稲田の建築学科在学中に「風景学入門」と出会い、その著者の中村良夫先生のいる東京工業大学へ。以来土木の分野で景観とデザインを考えている。得意科目／好きだった田中先生の構造力学。苦手科目／好きじゃなかった先生の構造力学。バイト経験／設計事務所、建設コンサルタント、家庭教師。

ドボクの周辺学科その二——環境学とのちがい

「土木は文明の器である」とは恩師の土木設計家、篠原修先生の言葉である。先生は日本の景観学の礎を築き、多くの質の高い土木構造物の設計を監修してきた人物だ。言葉のとおり、土木工学は「まち（器）」を創り出すための学問だ。一方、環境学はどうか。環境学者が明らかにしようとしているのは、文明の〝前提条件〟である。例えば、地球規模で気温がどのように変化しているのか、水資源の偏りで干ばつや集中豪雨が起きるのはどこで、その結果食物が採れる場所と採れない場所はどのように変化していくのか……といった大きな視点での地球の現状である。もう少し、小さな視点ではどうか。例えば一本の川を想像してみよう。川の流れに沿ってどんな生態があり、生きものはどのように振舞い、どこにどんな木が育つのか。川との関係で風はどう流れるのか。そうした自然をどのように地域に取り込めば人は過ごしやすくなるのか……そうしたことが大切なテーマになる。また、社会的な人の動態、つまり人々がどんな考えで生活しているのかも環境学が考える課題のひとつだ。どうすれば生活者は省エネを意

識し、フェアトレードの商品を買い、寄付やボランティアに熱心になるのか。こういった政治や経済に関わる問題も環境学の範疇だ。そしてドボクには、これら環境学のさまざまな視点で捉えられた〝前提条件〟をもとに、新たなもの、より良い「まち（器）」を創りだす、工学的な解決策が求められる。


コンクリートの塊の都心で熱をため込まないにはどうすればよいのか？

ガソリンを使わない交通システムは考えられるか？

人口が減りゆくまちで自然を活かした産業づくりはどのようにすればよいのか？

大規模な火力発電所に頼るのか、地域のバイオマスや再生可能エネルギーを主体としたエネルギー基盤に変えるのか？


私は、大学でドボクを志すも、時代の大きな変化をしっかり捉えたいとの思いから現在、土木工学と環境学を渡り歩いている。遡れば環境学を志す原点となったのは、中学生だった1992年の地球サミットで聞いた同年代の女の子・セヴァンスズキの「直せないものをどうして壊すの？」というスピーチだ。何かを創るには何かを壊す必要がある。人間の創造という行為が環境に与える影響を明らかにし、ドボク、つまり創る行為に持続的な未来を示したい、そう考えている。そしてドボクを目指す人には、この〝前提条件〟を自分なりに解釈し、具体的な解決策を考えてほしい。それがドボクの腕の見せどころだ。

大西悟（おおにし さとし）　独立行政法人国立環境研究所勤務。1978年茨城県生まれ。2012年東京大学社会基盤工学専攻修了。NPO法人環境文明21に就職、同時に博士課程で環境学に従事。2012年博士（工学）取得。その後、現職。得意科目／環境技術論。苦手科目／土質工学。バイト経験／早朝のコーヒー店勤務と塾講師のかけもち。日々の暮らし／生まれ育った土浦から職場まで自転車通勤の毎日。休日は、生後6カ月の娘に遊んでもらうのが楽しみ。

ドボクの周辺学科その三――理学とのちがい

皆さんは、ドボクと理学は違うものだと思っているだろうか？　たいてい、理学部、工学部などと区別されていることが多い。かと思えば、理工学部という学部がある。大きく理系と文系に分かれているだけの高校生の皆さんにとっては、工学と理学は区別がつかないかもしれない。ここでは理学部出身の私が、工学のひとつであるドボクの世界を外から見ていた頃と中へ飛び込んでからどう感じたのかをもとに、「理学」と「ドボク」を比較してみることにしよう。

「理学」は自然界に生ずるさまざまな現象を取扱い、その法則性、つまり真理を明らかにすることが目的だ。一方、「ドボク」はその明らかにされた法則性を用いて、構造物の歴史や理論、実際を研究し、社会における問題の解決策を提示することが目的だ。ここまで見れば、ドボクと理学はまったく異なることに気づくだろう。つまり理学とは、「この世の森羅万象に法則性を見出す」学問であり、ドボクはその理論を駆使して「この世に実際の構造物を産み出す」学問である。つまり、目的意識の持ち方が大きく異なり、ある意味役割分担がなされている。私の研究対象である「雨」を例に挙げてみよう。

　私は博士論文で、インドシナ半島の雨の研究をしていた。具体的には、雨季の前に降る雨が、東南アジアに大量の雨をもたらす「アジアモンスーン」のきっかけとなっているかどうかを探るというものだった。一般的に雨が降ると大気は暖められ、さらなる雨雲を発生させる。だから雨季前の雨がその後のアジアモンスーンに影響を与えていると考えた。このように理学では、〝雨が降るのはなぜか?〟に着目し、その法則を明らかにすることがゴールだ。一方ドボクでは、雨そのものより、それが地面に到達して地表を流れることに注目する。つまり土木の場合は〝雨をどう管理して洪水を減らすか?〟というのがゴールのひとつだ。人間社会に直結する問題を解決することが求められている、というわけだ。両者とも結果的に人間社会に貢献することには違いない。理学が雨のメカニズムを解明することで真理を明らかにし、ドボクが雨のもたらす被害を解決する手法を示して、人間社会の問題を解決する。どちらが優れているわけではない。ただ、最終的な目標が違うのである。

　学問に取り組むきっかけは何でも良い。皆さんの知りたいこと、やりたいことを求めて、まずはぜひ、基本となる学問を究めていってほしい。その過程できっとドボクと理学、どちらの知恵も必要になる時が来る。その時には究極のゴールは同じということを頭に置きながら、お互いの分野で力を出し合ってほしい。

木口雅司（きぐち まさし）　東京大学生産技術研究所特任助教。1975年埼玉県生まれ。2004年東京大学大学院理学系研究科地球惑星科学専攻修了。博士（理学）取得。2004年京都大学大学院理学研究科地球惑星科学専攻で里村雄彦教授のもとで東南アジア域のモンスーン研究に携わり、2006年に東京大学生産技術研究所沖大幹研究室に採用。得意科目／日本史、地学。苦手科目／化学、生物。バイト経験／塾講師、家庭教師、イベント運営など。

地方ドボク学生の醍醐味！

大学生活というと、街なかのカフェで友達とお茶をする姿を夢見るなど、都会での生活に憧れがあるかもしれない。すでに大学生活を始めた人のなかには「都会の大学に行きたかったのに、こんな田舎に来てしまった」と落ち込んでいる人もいるだろう。でもちょっと待って。ドボク学生にとって地方で学生生活を送るということは、とても恵まれたことなのだ。

ひとつ目に、地方には山があり、川がある。海が近いところもあるだろう。国土を対象とする土木にとって、これはフィールドが近いことを意味する。しかも、すでに構造物で固められ高度な管理がされている都会の川や海とは違って、自然本来の姿に近い状態で残っている。日常のなかで、季節や天候によって異なる表情を見せる自然を目の当たりにすることができる。また、大雨や台風の時に山や川はどうなるのか、波はどうなるのかなど、非日常の姿にも生活を通して触れることができる。恵みと脅威をもたらす自然の姿を、よりリアルに感じることができるのだ。

　二つ目は、少し社会的な側面の利点である。現在、日本ではどの地方でも過疎化や高齢化が問題になっているのは、皆さんも知っているだろう。農業や林業などの一次産業が営まれることで保たれていた山や田畑が放棄され、そこから災害が起こることもある。利用者の少なくなった地方の公共交通は維持できなくなり、それによって買い物や通院の手段をなくすお年寄りも増えてきている。こうした交通などの人の動き、農村や都市の計画もドボクの守備範囲。地方の大学にいれば、今後全国的に解決策が必要となる課題の最先端の現場に、日常的に触れられるのである。都会の大学生だとそうはいかない。やる気のある学生は、地域の課題を考える合宿などの機会を探しては、夏休みの時間と交通費を使って地方までわざわざ体験しにきているのが実情だ。

　ところが地方の大学には、農村部の活性化を継続的にお手伝いするサークルがあるところも多い。先生と一緒に地域をテーマとして研究に取り組む機会もあるだろう。足繁く通えば、お客さんとしてお迎えされる立場ではなく、協力し合う仲間として関わることができるようになる。実際、私の研究室の学生は、災害復旧や人手のいる農産物の収穫など、何かある度にお手伝いに駆り出されている。地域と密に接することで、田舎の本当の姿、抱えている課題の実態を知ることができる。これらが、地方で大学生活を送る魅力である。将来、国土の管理を担うことになるドボク学生にとって、これほど恵まれた場所はないと、私は確信している。

真田純子（さなだ じゅんこ）　徳島大学工学部建築工学科助教。1974 年広島県生まれ。1997 年東京工業大学工学部社会工学科卒業。2007 年徳島大学に着任。農地の景観にめざめ、2009 年から農地の空石積みの修行を始める。2013 年 3 月「石積み学校」設立。趣味は、もらった果物を材料にしたジャムづくり。得意科目／空間演習系一般。苦手科目／統計、英語。バイト経験／ファミリーレストラン。

高専ドボクのいいところ

高専の教育システムは、高専に関わった人以外にはなかなかイメージしづらいものである。高校や大学とどのように異なるのか、また高専だからこそ得られるものは何だろうか。初めに言っておきたいことは、時間の使い方によっては、中学校卒業後の5年間でとても高度な技術や知識を身につけることが可能だということである。

高専（正式には高等専門学校）は大学や短大と同じ「高等教育機関」として位置づけられている。5年間の課程を終えると、卒業後は民間企業や行政への就職はもちろん、大学編入や専攻科（5年間の本科に続く2年間の教育。修了後は大学院への進学資格が与えられる）進学の道が開かれている。就職すれば大卒の学生よりも2年早く実務の経験を積むことができるし、進学すれば他の学生より深い専門知識や研究能力をもって学業に取り組むことができる。

高専のドボク学科の多くでは、1年次から測量学や情報関係の専門科目を学び、さらに2、3年になると、構造力学、土質力学、水理学といった専門科目が加わっていく。4、5年にな

ると、都市計画や景観工学、環境系の講義に加えて、さまざまな選択科目のなかから関心のある分野をより深く学ぶこともできる。

測量実習や、土質・水理などの実験実習の時間が多いこともひとつの特色である。高専生は入学直後から、実験実習のレポート作成に忙しい。また本科5年次の卒業研究においては、研究室選びから、テーマや方法の決定、論文作成、プレゼンまでの一連の研究プロセスを展開する。忙しいレポート作成や大変な卒業研究に真剣に取り組めば、課題やその解決方法を見出す力をいち早く身につけることができる。

16歳から20歳の5年間はとても大事な時間である。普通高校に進学すれば、一般科目だけを勉強するのがつらいと感じる人もいるだろう。高専では、早い段階から自身の専門を意識するため、数学・英語・物理といった一般科目にも関心をもって取り組めるという学生も多い。また、現場見学やフィールドでの活動機会が多く、多様な経験をもった専門の先生たちとのコミュニケーションを通して、ドボクの現場の空気を肌で感じ、ドボクの楽しさや可能性、業界の実情などを知ったうえで自身の進路を決定できることも高専の利点だろう。ドボクは人に関わる仕事である。5年間を有効に使い、高度な技術と知識を得て、さらに自由な雰囲気のなかで豊かな人間性を身につけていけば、立派なドボク技術者としてきっと「いい仕事」ができるようになる。

高田知紀（たかだ ともき） 神戸市立工業高等専門学校都市工学科講師。1980年兵庫県生まれ。2003年神戸市立工業高等専門学校専攻科都市工学専攻修了。その後、神戸の造園会社に勤務し、公園整備や植栽管理の業務に従事。2008年より東京工業大学大学院社会理工学研究科に進学。2013年3月に同大学院博士課程修了。2013年4月より現職。得意科目／都市計画学、測量学。苦手科目／水理学。バイト経験／土嚢に砂をつめる仕事、測量業務補助など。

ドボク学科で取れる資格

ドボクには医師免許のように、「これを取らなければ仕事をしてはいけない」という免許資格はないが、分野や立場などの専門性に応じていろいろな資格や試験がある。資格には、①在学中から受験できるもの（土木学会認定2級土木技術者など）、②卒業と同時に申請で取得できるもの（測量士補など）、③卒業してから一定の実務経験を条件に受験資格を得るもの（土木施工管理技士や技術士など）がある。

資格は自分が勉強したことやスキルの客観的証明になる。仕事をするうえで直接役立つ資格には③が多いが、①は就活にも有利になる可能性が高い。資格そのものの内容はともかく、資格取得に積極的な人は企業にとっても好印象だ。

在学中に受験できる資格としてのおすすめは、大学で学ぶことの総復習になる公務員試験（土木職）だ。土木学会認定2級土木技術者もよい。「ドボク学科で学ぶことをきちんと習得しました」という証明だ。私は学生時代、指導教員にすすめられるままに公務員試験を受け、一

応合格した。十数年後、その資格は転職に有利に働いた。資格は持っていて損はない。あとで履歴書に書くときに合格番号や取得年月を問われることがあるので、合格通知書などの書類は保管しておこう。

土木技術者の資格のなかで最もメジャーなのは国家資格の「技術士（建設部門）」だ。建設部門はさらに「鋼構造及びコンクリート」「都市及び地方計画」などの分野に分かれている。技術士はそれらの分野で一人前の技術者であることを示す称号だ。建設会社や建設コンサルタントなど、発注者から仕事を受ける会社では、技術士資格をもつ技術者が担当することが仕事の受注に直結する。仕事を発注する側の公務員でも昇進時に有利になることが多い。技術士に限らないが「資格手当」という金銭的ご褒美がある組織も多い。なお技術士は1、2次試験があるが「JABEE《ジャビー》認定」を受けた学科の卒業生は1次試験が免除になる。

学科やコースによっては建築士の取得が可能なところもあるだろう。ただし課程によって受けられる区分（1級2級の別）が違い、履修した単位によって必要な実務経験年数が変わるのでよく確認しよう。

ドボクには多くの資格があるが、ドボクに関係しなくても学生時代に興味のある資格をとることを目標に勉強してみるのもよい。英検、漢検にはじまり、アロマでも調理師でも。資格は、自分の幅を広げるためのツールと思って取り組もう。

福井恒明（ふくい つねあき）　法政大学デザイン工学部都市環境デザイン工学科教授。1970年東京都生まれ。1995年東京大学大学院工学系研究科土木工学専攻修士課程修了。清水建設（現場・本社設計）・東京大学・国土交通省国土技術政策総合研究所などで、さまざまな角度から土木の景観に携わる。2012年より法政大学。得意科目／幹事役。苦手科目／数学・土質力学。バイト経験／塾講師・家庭教師・模型製作・シンクタンク。

column

ドボクの魅力 1

歴史的な土木構造物

滋賀県・琵琶湖疏水（photo by Takuya Omura）

明治維新以降、人口減少と産業衰退の危機にあった京都を救ったのは、琵琶湖から山を貫いて引かれた長さ約8kmの水路だった。1890年に完成した琵琶湖疏水は水道・工業用水・灌漑のみならず、水運や発電などにも活用された。20代にして、このプロジェクトを率いた田辺朔郎《さくろう》は、ドボク界のヒーローとして称えられている。（大村拓也）

2

CHAPTER

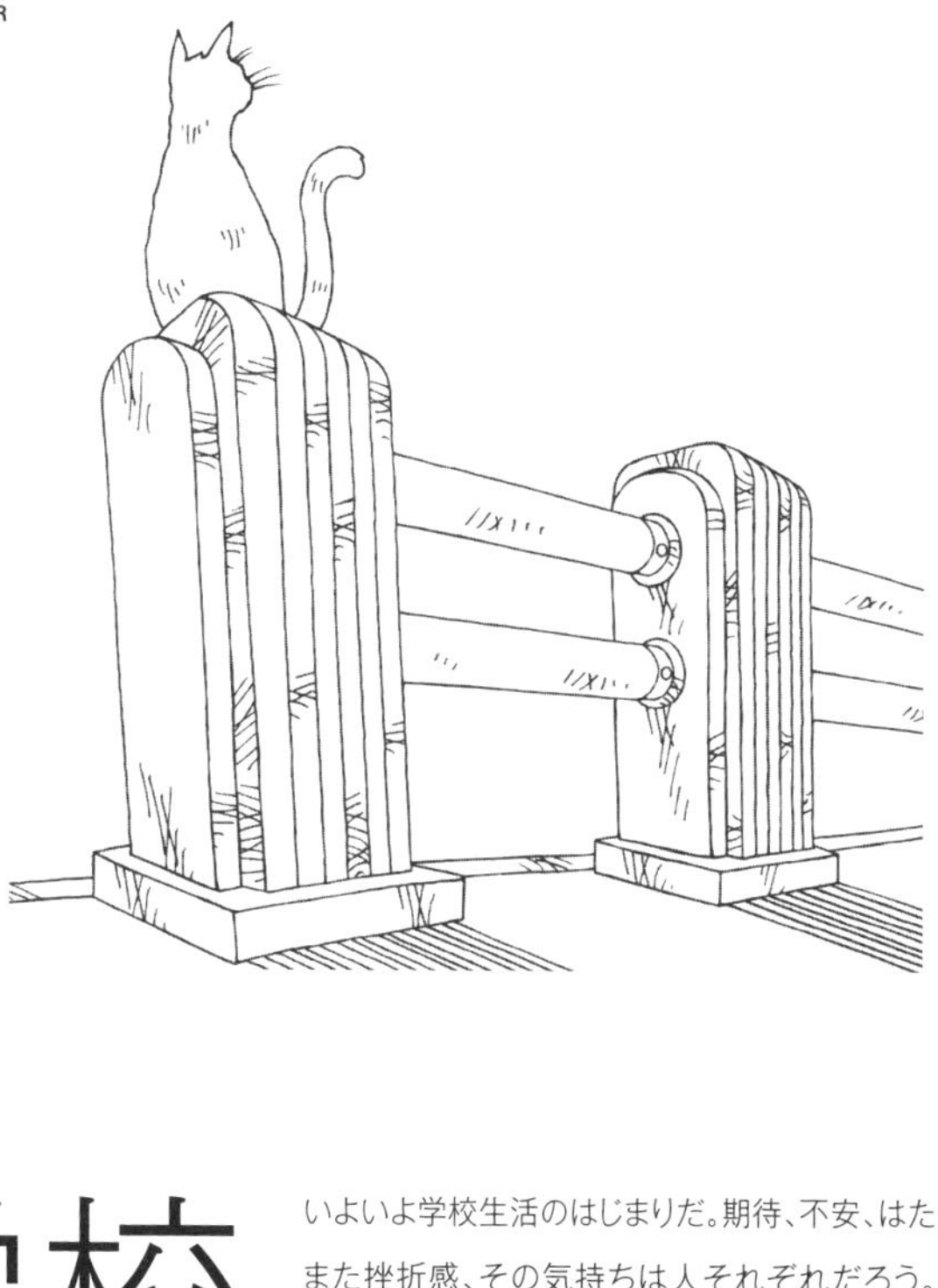

学校生活

いよいよ学校生活のはじまりだ。期待、不安、はたまた挫折感、その気持ちは人それぞれだろう。でもスタートはみんな一緒。ドボク学科をとことん楽しめるかは君たち次第だ。ここでは、効果的な勉強法から、知って得する奨学金の活用法まで、ドボク学科での生活をより有意義に、そして楽しむための32トピックを紹介する。（中村晋一郎）

視野を広げる学び方

ドボク学科で学ぶことは、理系の学科のなかでも特に幅広い。学ぶ内容の一部を紹介しよう。まずは、構造力学、流体力学、水理学、土質力学、コンクリート工学といった〝自然や構造物の性質〟を学ぶ分野（数式で悩む学生もいるがドボクの基本だ）。測量学、交通学、景観工学といった〝計画や設計をするための理論や技術〟を学ぶ分野（実践につながる大事な授業だ）。また、実際に社会のなかで計画を実現していく際に重要なマネジメント論などもあれば、法学、経済学といった文系の授業まである。さらに、実験の授業では川や海の模型に水を流して観察したり、土の性質やコンクリートの強度を調べたり、演習の授業では自分たちで主体的に課題解決に取り組むグループワークがあったりと、さまざまな授業の形があるのも特徴だ。……これだけあると、何か大変そうだと思うかもしれない。でも、むしろこれだけ多様なら何かしら自分に合った分野が見つかるだろうと、気楽に考えてくれたら嬉しい。私の場合、好きだった演習やデザインの授業以外はほとんど真面目に聞いていなかったが、今もなんとかドボクの専

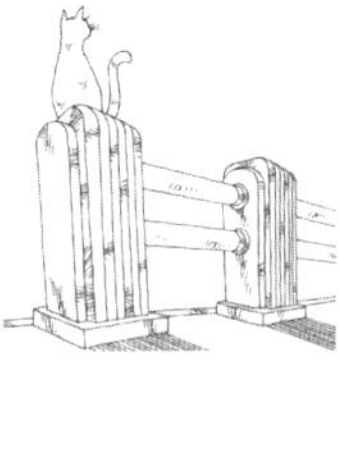

門家の端くれとして働いている。ドボク学科の授業はグループ作業も多いので、今ではさまざまな専門分野で活躍する友達を、たくさんつくることができた。こうしたつながりは社会に出てからとても貴重だ。だから大丈夫、みんなにもドボク学科の多様な授業を通してそれぞれに合ったドボクや大事な友人がきっと見つかると思う。

ここまで一通りドボクの授業を紹介してきたが、ここであえてドボクの学生に一番学んでほしいこととして「歴史」をあげたい。ドボクの仕事は、みんなの寿命より長い時間、人々の生活を支えていかなければならない。先に述べた専門的な理論や技術は、あくまで道具であり、暮らしとともにあるドボクにとって、過去から未来への長い時間軸のなかで人の暮らしを考える豊かな想像力こそが、最も大事な能力だと思う。だから「歴史」なのだ。もちろん、「現在」も歴史の一部。自分の周りだけではなく、世界中の人々の多様な暮らしや文化に広い想像力をもつことも、同じように大事だ。

そのためには、いろいろなジャンルの本を読み、さまざまな場所に旅行に行ってほしい。歴史や、まして文化の授業があるドボク学科はそれほど多くないが、世の中にはすばらしい本が溢れているし、自分の目で見て感じたものほど、豊かな知識につながる。ドボクを学ぶのに必須なことは、時間と空間のスケールの広がりをもった、人の暮らしへの興味だ。

福島秀哉（ふくしま ひでや）　東京大学大学院工学系研究科社会基盤学専攻助教。1981年埼玉県生まれ、岩手県出身。2006年東京大学大学院工学系研究科社会基盤学専攻修了。2006年より小野寺康都市設計事務所、2010年より独立行政法人土木研究所寒地土木研究所地域景観ユニット専門研究員、2012年より現職。得意科目／設計演習。苦手科目／座学。バイト経験／飲食店（ホール、キッチン、バーテンダー）、デザイン事務所で模型づくり、家庭教師など。

覚える授業、感じる授業

「全部書ききれません、もうちょっとゆっくり進めてください」私が大学で景観工学を教えはじめた頃に言われた一言だ。景観の成り立ち、都市景観の整え方などを、写真や図表、文章で解説していく情報がみっちり詰まったパワーポイントを、まるごと全部ノートにとろうとする学生に、私はとても驚いてしまった。他にもある。お気に入りの風景を人に伝わるように説明するという課題を出すと「どうやっていいのかわかりません」と言うのだ。自分の頭の中身を表現するのに、何で〝わからない〟という言葉が出てくるの？　と、私自身も最初は疑問だらけ。その後、しばらくしてわかったのは、学生たちが授業を〝全部覚えよう〟としていること、そして授業には〝何か正解がある〟と思っていることだ。

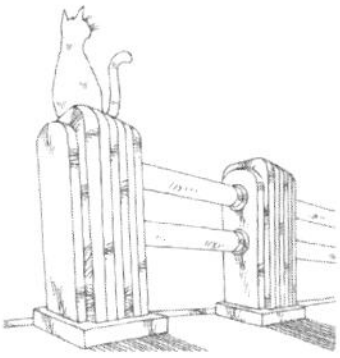

私はもともとドボク学科の出身ではなく、社会工学科という都市の計画や経営、景観、まちづくりなどを学ぶ学科にいた。授業の多くはフィールドを決めて課題解決をしながら空間の設計をする演習。講義形式の授業も、都市計画や景観についての情報を〝覚える〟というより、

説明される事例や理論などの根底にある価値観を〝感じる〟ことが求められた。しかも評価は試験ではなくほとんどがレポート。自分の考えを論理的に整理して表現することが求められた。そんな大学生活を送ってきたから、そもそも授業の内容を〝覚える〟なんて概念が私にはなかったのだ。

しかしドボクの学生は違う。構造や風、土の力学、材料などという科目は、必要最低限のことを覚えてからでないとどうにもならない。そこに突然「覚えなくて良い、感じることが求められる授業」が入ってくると、戸惑ってしまうのだろう。

現在、ドボクの学科でも景観やまちづくりなどの授業が増えてきている。これらの授業では先生の言っていることを覚えるのではなく、自分の経験や知識と照らし合わせたりして、その根底にある意図を感じながら聴くことが大事である。レポートも、正解にどれだけ近づくかが重要なのではなく、自分の感覚や知識を総動員してどれだけ考えたかが求められる。もちろん先生によって授業のタイプは異なるので、景観やまちづくりなどの授業が必ずしも〝感じる〟授業だとは限らない。また初回のガイダンスだけは〝感じる〟授業だったりと、講義の回によっても異なることがあるかもしれない。ただ、授業を受ける際には、この二つのタイプがあることを頭の片隅に置いておくと、先生が次々に出してくる情報を「覚えきれない！」と焦ることなく、リラックスして聞くことができるだろう。

真田純子（さなだ じゅんこ）徳島大学工学部建設学科助教。1974年広島県生まれ。1997年東京工業大学工学部社会工学科卒業。2007年徳島大学に着任。農地の景観にめざめ、2009年から農地の空石積みの修行を始める。2013年3月「石積み学校」設立。趣味は、もらった果物を材料にしたジャムづくり。得意科目／空間演習系一般。苦手科目／統計、英語。バイト経験／ファミリーレストラン。

モチベーションこそが英語習得のエンジン

外国語の授業にはおそらく多くの読者が苦手意識を持っているのではないだろうか。苦手な英語を学生時代から日々学ぶべきか？　と聞かれたら、私の正直な答えはＮＯだ。私自身も英語は中学以来の苦手教科。大学時代も、なぜ工学部に来て外国語を学ぶ必要があるのかと不満を抱いていた。苦手な英語の克服より、本当に自分が好きなこと、誰にも負けたくないと思えることに対して、真剣に誠実に取り組んだ方がよいと今でも思っている。外国語を含めた言語はボクの仕事においては、ひとつのツールに過ぎない。英語がまったく話せなくても熟練の経験をもつ設計者は通訳がいれば海外で仕事ができるが、英語がいくら堪能でも伝える価値のあるものをもたない人はどの国でも必要とされないだろう。大切なのは、ものづくりを通して社会にどのようにアプローチしたいかというビジョン、そしてそのビジョンを具体化するための設計力、この2つを常に向上させたいという意志の力であると思う。そうして自分のやりたいことを求め続けたその先で、必要だと感じてはじめて英語に取り組んでも、決して遅くはな

いと思う。私は学生時代まったく英語を勉強しなかったため、初めて海外赴任した時はＴＯＥＩＣ２００点台だった。それでも、英語なしでは自分のやりたいことを実現させることができないと感じて勉強を始め、１年後には外国人と英語で技術的な打合せをするレベルまで到達したのだから、皆さんも不安になる必要はない。

　とはいえ、大学の英語の授業で手を抜いてよいか？　と言われたら、それも違う。海外で生活し仕事をしている今だからこそ感じることがある。英語によって自分の現在の生活の幅、そして将来の可能性を大きく広げることができるのだ。自分の設計を異文化の人に伝え、彼らと協働して設計を進める日々は非常に刺激的である。仕事以外でも外国人の友達ができたり、外国のウェブサイトも楽しく見られるようにもなる。これらを通して、自分の価値観を広げ日々の生活のモチベーションを高く保てるようになると思う。余白の時間まで英語を学べとは言わないが、学ぶ機会がある授業では前向きに取り組もう。海外で仕事をするしないによらず、英語ができるということは就職活動を含めてもメリットしかない。

　最後に楽しく単語を覚えるために私がいつもやっていた方法を紹介したい。知りたい単語を Google の画像検索で調べるのだ。画像検索によってその単語をイメージで捉えることができる。まずは Civil Engineer と Architect を検索してみてはどうだろう。本書の冒頭で書かれている二つの違いを別の視点で感じることができると思う。

村木正幸（むらき まさゆき）㈱日建設計シビル勤務。1982 年愛知県生まれ。2008 年名古屋工業大学大学院社会工学研究科社会工学専攻修了。2008 年㈱日建設計シビル入社。以来工場建屋の意匠・構造設計に従事。2011 年よりホーチミン都市鉄道の計画・設計業務のためベトナムに赴任。初の都市鉄道となる地下鉄駅３駅の意匠設計に携わる。得意科目／設計製図。苦手科目／外国語。バイト経験／日建設計ほか、アトリエ系建築事務所での模型製作。

授業が面白くなる質問の仕方

そもそも授業中に手を挙げて質問をする人は、みんなのなかにどれくらいいるだろうか。自分の学生時代を振り返ってみても、授業中に手を挙げて質問したことはほとんどなかったと思う。だから体験談は書けないが、現在ドボクの教員をしている立場から、こんな質問をしたら良いのでは、という提案をしたい。

ドボクの授業で習うことは、たとえどんなにつまらなく感じるものでも、必ずみんなの暮らしにつながっている。目の前の黒板に書かれている文字や数式は、ニュースで見た災害や、週末に家族でドライブをした高速道路、田舎に帰るのに乗った電車、通学路で見た工事風景など、みんなの暮らしの一場面を支えている技術の、根っことなる知識だ。ドボクを勉強しはじめると、そんな普段の暮らしの場面を見る目線が変わって、いろいろと気になることが増えるはずだ。もちろん、実際の現場に適用されている理論や技術は授業で習うことよりもっと複雑で、難しい。自分では、目の前の数式や実験と暮らしのつながりを結びつけられないかもしれない。

でも、教えている先生は知っているはずである。

　そこで提案なのだが、もしも授業に飽きてきてしまったら、その分野に関係ありそうな日常のささいな気づきや疑問を、先生に投げかけてみてほしい。ドボクを教えている先生は、ただ教科書の内容をみんなに伝える人ではない（そもそも教科書がない授業も多い）。その分野の最先端に身を置いて、現場で悩んでいる人だ。そしてその専門分野を愛している人が多い。授業計画に忠実な真面目な先生だったら、「授業中だからそれは後で」と言われてしまうかもしれないが、自分の分野に学生が興味を持ってくれて、きっと悪い気はしないはずである。先生の気が向けば、そこから授業では聞けない、いろいろな雑談が始まって、授業と暮らしのつながりが見えてくるかもしれない。さらにそれをきっかけに、先生と授業以外のことも話ができるような関係になれたら、きっと今までとは違った視点で、授業を楽しめるのではないだろうか。

　私の周りにも、ある授業がきっかけでその分野や先生に興味をもち、考えもしなかった専門の道に進んだ友人がたくさんいる。

　たかが授業と侮るなかれ。ドボク学生として、授業中に勇気を出して挙げた手が、あなたの人生の新しい扉を開くかもしれないのだ。

福島秀哉（ふくしま ひでや）　東京大学大学院工学系研究科社会基盤学専攻助教。1981年埼玉県生まれ、岩手県出身。2006年東京大学大学院工学系研究科社会基盤学専攻修了。2006年より小野寺康都市設計事務所、2010年より独立行政法人土木研究所寒地土木研究所地域景観ユニット専門研究員、2012年より現職。得意科目／設計演習。苦手科目／座学。バイト経験／飲食店（ホール、キッチン、バーテンダー）、デザイン事務所で模型づくり、家庭教師など。

捨てられない教科書

土木学科では毎年多くの教科書を手にすることになる。土質、材料、水理、構造などの専門科目から、力学や語学などの教養科目まで、恐らく卒業を迎える頃にはその数、数十冊を超えるだろう。正直言うと学生だった私も、ただでさえ金がないのになぜこんなに高価な教科書を何冊も買わなくてはならないのか、どうせ試験が終わったらお蔵入りだ、などと腹を立てていた。実際に、試験が終わったらそのまま後輩へ譲ったものや、何処へいったのかさえ忘れてしまったものもたくさんある。だがなかには、大学を卒業して十年以上経った今でも職場や自宅の本棚に並んでいる教科書がある。

私の専門は河川工学である。しかし本棚に並んでいる教科書を眺めると、橋梁工学や交通計画、コンクリート工学など、一見河川工学とは関係のないものが多い。なぜ専門に関係のない教科書を今でも手元に置いているのか。思い返してみると、どれも学生時代の思い出が詰まった教科書である。橋梁工学は学生コンペで橋の設計をした際に肌身離さず持ち歩いていた。交

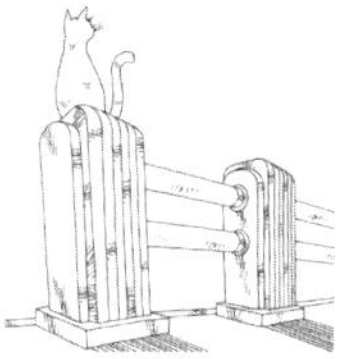

通工学は大好きな先生の講義だった。コンクリート工学は必死に勉強した大学院入試の選択科目だった。いずれも学生時代の努力や苦労の跡が染みついた教科書だ。捨てられない教科書は、土木へ必死に向き合った学生時代の証なのだと、今改めて思う。

では、今はその証として本棚に飾っているだけかというと、決してそうではない。これらの教科書は偶然か必然か、実務を始めてからも思いがけず役立つことが多い。

例えば、社会人2年目に防災ステーションの自動車導線の計画を任された時のこと。まったく専門が異なる私にとっては気の重い仕事だった。さてどうしたものかとふと目をやった先に、学生時代に使っていた交通工学の教科書があった。ああそういえばこんな科目もあったなとページをめくると、駅前ロータリーの設計法が記されていた。それが随分と参考になった。もちろん学生時代には、将来自分が導線計画をやるとは微塵も思っていなかったし、交通工学やこの教科書がこんな形で役に立つとも思っていなかった。だが、学生時代に一生懸命学んだ学問だったからこそ、途方に暮れていた私をそっと支えてくれたのだと思う。

皆さんもぜひ捨てられない教科書ができるくらいにのめり込む科目を見つけてほしい。その努力と教科書は、きっと将来、どこかで役立つはずだから。

中村晋一郎（なかむらしんいちろう）　名古屋大学大学院工学研究科社会基盤工学専攻講師。1982年宮崎県生まれ。2006年芝浦工業大学工学部土木工学科卒業。2008年東京大学大学院工学系研究科社会基盤学専攻修了。パシフィックコンサルタンツ㈱で河川・防災計画に携わったあと、東京大学「水の知」（サントリー）総括寄付講座特任助教などを経て、2014年より現職。得意科目／河川工学。苦手科目／土質力学。バイト経験／バーテンダー、塾講師。

憧れのドボク家を見つけよう

文学なら村上春樹、生命科学ならｉｐｓ細胞でノーベル賞を受賞した山中伸弥、建築なら安藤忠雄。自分が学んでいる分野の有名人を知っていることは、憧れや誇りにつながり、学びのモチベーションを高めてくれる。

では、ドボクの大家ってだれだろう。すぐに思い浮かぶ人はいないように思う。明石海峡大橋やレインボーブリッジのように、橋自体の名前は知っていても、それをつくった人の名前は、ドボクの専門家でも知らないことが多い。それは、だれか代表的な個人を挙げることができないほど、多くの人の力が結集してできているからだ。

とはいえ、時代を拓いたキーパーソンは必ずいる。彼らに着目することで、ドボクの仕事、やりがい、研究の深さが見えてくる。まずは歴史的な人物をみていこう。「土木　人物」でネット検索すると、土木人物アーカイブスというサイトで日本の近代化を支えた明治時代の３人の技術者に逢うことができる。荒川放水路を手掛けた青山士《あおやまあきら》、信濃川の治水で有名な宮本武之輔《みやもとたけのすけ》、

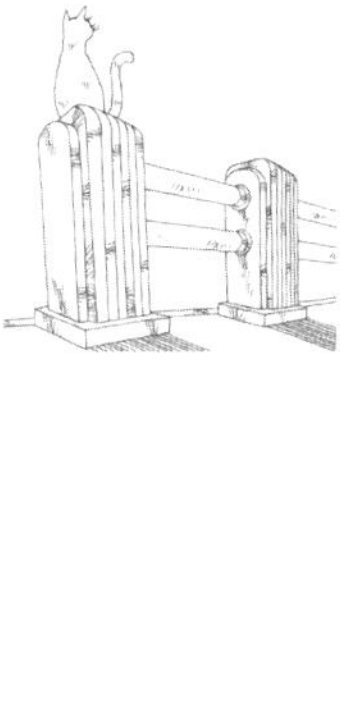

台湾ダムの父と呼ばれた八田與一《はったよいち》。彼らについては本や映像も充実しているので、ぜひ手にしてみてほしい。

特段ドボクと関係ない小説を読んでいるときに、突然こうしたドボク家の名前を見つけることもある（例えば森見登美彦の『きつねのはなし』には琵琶湖疎水をつくった田辺朔郎《さくろう》が出てきた！）。ちょっと嬉しくなる。

他にも、ノーベル賞がノーベルという人の名前に由来するように、賞に名前を残しているドボク家もいる。橋なら田中賞（田中豊：隅田川の橋を設計）、都市計画なら石川賞（石川栄《ひで》耀《あき》：広場や盛り場を大切にした名古屋や東京の都市計画リーダー）という具合だ。

日本国内にとどまらず、海外の構造デザイナーを追いかけることで、好きなデザインや世界の風景に出会えるかも知れない。橋ならシンプルなロベール・マイヤールか、アクロバティックなサンチアゴ・カラトラバか。私の最近のお気に入りはローラン・ネイ。そうしてぐっとくるドボク家に出会ったなら、実物を見に行けばよい。自分の好きな人の作品を見るためにはるばる旅をするのも、ドボク学生ならではの楽しみだ。

ドボクの世界は広い。憧れのドボク家との出会いは、物語をたどるように、広いドボクの世界の面白さを与えてくれるだろう。

佐々木葉（ささき よう） 早稲田大学創造理工学部社会環境工学科教授。1961 年神奈川県生まれ。早稲田の建築学科在学中に「風景学入門」と出会い、その著者の中村良夫先生のいる東京工業大学へ。以来土木の分野で景観とデザインを考えている。得意科目／好きだった田中先生の構造力学。苦手科目／好きじゃなかった先生の構造力学。バイト経験／設計事務所、建設コンサルタント、家庭教師。

日本をつくった名もないドボク家たち

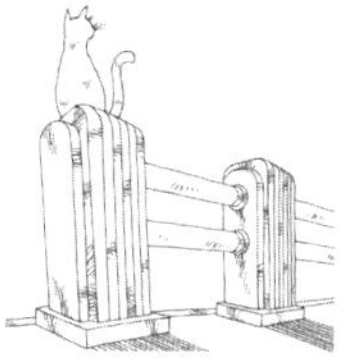

私の好きなドボク家に忍性《にんしょう》という人がいる。諸説あるが、架橋（189カ所）や作道（71カ所）などを行った僧だ。

有名無名数あれど、私たちが暮らす「まち」は、各時代の先輩が培ってきたドボクの力が何層にも積み重なって成り立っている。ここでは、あまり触れられることのない古代から近代に活躍した〝名もないドボク家〟の活躍をみていこう。

古代：僧侶たちによる福祉の事業——今から約1200年前、古代道路の建設や溜池の築堤といった国家主導のプロジェクトが、盛んに繰り広げられていた。この頃のドボクは僧侶の活躍抜きには語れない。当時の日本は仏教が伝わったばかり。僧侶たちは仏教を布教するために日本中を東奔西走した。その布教活動のひとつに、架橋や道路整備などの土木事業が位置づけられていた。彼らの根底には、困っている人を助けたいという仏教思想に端を発する福祉の精神があった。土木事業へのアプローチは、現在と随分異なっていた。

中世：陰ながら生活を守る知恵――中世においても、僧侶による土木事業が継続して行われていた。しかし、古代末期から中世にかけて、大規模な土木事業がパタリとなくなる。「犯土《ぼんど》」という思想が世の中に浸透していたのだ。3尺（約90㎝）以上地面を掘削すると、神から「たたり」を受けると考えられていた。これでは開発が進まない。しかし、実は農民による田に水を引く水路の開削など、名もないドボク家による〝生きるためのドボク〟が暮らしを支えていたことは間違いない。

近世：武将の自治と積極的な開発――戦国武将が諸国の領地を奪い合う戦乱の世となった近世初頭。武士たちは戦いに備えて石垣を積み、堅固な城郭を築いた。さらに、平野に広がる集落が洪水被害に遭わないよう大河川の流路を付け替えたり、新田開発のための長大な農業用水路を開削したりもした。近世では武将たちがドボク家となり、国土整備に尽力していた。

近代：文明開化による急転換――明治時代、日本政府は西洋諸国がもつ近代技術を導入するため、お雇い外国人を雇用した。留学していた日本人技術者が持ち帰った最新の技法も用いて、灯台や近代水道が急速に整備された。まさに激動のドボク時代の到来であった。

各時代に、僧侶や武将、技術者たちが、名もないドボク家として活躍していた。「人々のために」という使命感に満ちあふれていた彼らの熱い想いを、現在そして未来のドボクに関わっていく私たちも忘れてはいけない。

西山孝樹（にしやま たかき）　日本大学理工学部まちづくり工学科助手。1986年和歌山県生まれ。2008年日本大学理工学部土木工学科卒業。2010年日本大学大学院理工学研究科博士前期課程、2013年同大学院博士後期課程修了。同年4月から現職。専門は土木史、観光計画。得意科目／地理、日本史。苦手科目／数学、化学。バイト経験／なし。

どぼじょの日常生活

〝どぼじょ〟＝土木女子。何か特別な女子？　と思っただろうか。なんてことはない、ただの普通の女子である。しかし、まだまだ女性が少ない土木業界に身を置くという意味で、少し特殊な環境にいるということになる。ここでは、〝どぼじょライフ〟を楽しむ私から、未来のどぼじょたちにアドバイスをしたいと思う。

その一。少数派であることを活かして動きまくろう。学生時代、私はとにかく外へ現場へ、学びが得られそうな場所にどんどん飛び込むようにしていた。圧倒的に男性が多いこの世界。でも、少数派な私たちだからこそ、学会やイベントなどで出会う先生方、業界の諸先輩方にすぐに顔や名前を覚えてもらえる。アクティブに活動していると、自然と人脈も広がっていく。その人脈は就職活動にも、もちろん就職後も大いに生きる。……少しいやらしい？　いえいえ。女性であること、少数派であることで大変なことも山ほどあるのだから、したたかに逞しく生き抜くくらいが丁度良いのです！

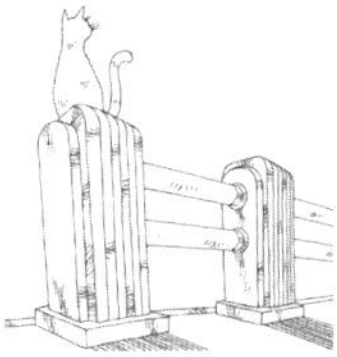

その二。食わず嫌いせずに何でも楽しんでみよう。今ではダムやら橋やらの鑑賞旅行に出かけるほどドボクにどっぷりハマっている私だが、実は高校時代はまったく土木志望ではなかった。環境の勉強がしたいと「地球環境工学科」を選び、蓋を開ければそこは土木学科が名前を変えただけの学科。入学初日にその事実を知り大ショックを受けた私は、周りの子に「土木って何するの？」と恐るおそる聞いてみた。すると返ってきた言葉は「水とか土とかコンクリートとか？」えっ、どれも興味ない……。とはいえその後、すばらしいドボクの先生方との出会いもあって、目の前に広がるドボクの世界と向き合う覚悟を決めた。大学卒業後は、国土交通省に就職し、2年目には土木工事現場で働く機会をいただいた。すっかり自信と誇りをもって、ヘルメット&作業着&長靴で泥にまみれつつ日々を過ごした。「土木なんて女の子がやることじゃない！　ヘルメットに作業着とか嫌だ！」とひどく落ち込んでいた昔の私はどこへやら。

その三。女性であることを大切にしよう。男性のなかにいることが多くなるけれど、あくまで自分が普通の女性であることを忘れずに。私の周りのどぼじょは、みんなおしゃれして遊んで恋もして、自由に毎日を楽しみながら、学び働いている。

つまり、少数派とはいえ、ドボクの世界には芯のある素敵な女性がたくさんいるのだ。「なんか男くさい」と嫌わずに、気軽にドボクをのぞきにきてほしい。女性ならではの柔軟なハートで、ドボクの奥深い世界を存分に感じてみよう！

渡邉加奈（わたなべ かな）　国土交通省勤務。1985年福井県生まれ。2011年九州大学大学院工学府都市環境システム工学専攻修了。2011年入省。荒川上流河川事務所、㈱大林組研修生、東京外かく環状国道事務所などを経て、現在、水管理・国土保全局河川計画課に所属。得意科目／国語、英語（学生のときまでは）。苦手科目／数学、物理（理系なのに）。バイト経験／家庭教師、居酒屋さんのホールスタッフ。

ようこそ日本へ！　留学生へのドボク的アドバイス

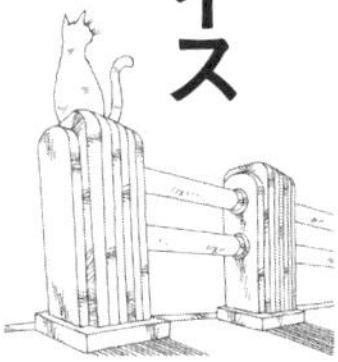

留学生の皆さん、日本へようこそ！　おそらく皆さんは留学準備の段階で、自分の留学の目的は何なのか、なぜ日本なのかということを、周りの大人に問われたり自問したりして、それなりの答えを見つけ今ここにいるのではないだろうか。もちろん目的意識は大切だ。しかし、ここでは一度、そのことは忘れることにしよう。

ドボクというのは、留学生活のすべてが糧となる分野だ。逆に言えば、講義室や実験室で教わることだけをいくら身に付けても不十分なのである。学びの種は何気ない日常にこそある。電車の中や公園、スーパーマーケットや居酒屋。異文化の中で暮らしていると、生活の場のそこここで母国との違いを目の当たりにし、なぜ違うのだろうと分析的に考えるくせがつく。どちらにも一定の合理性と改善の余地があるもので、それまで無意識に縛られていた固定観念から自由になれば、新たな気づきを得る機会も増える。そして、このような気づきや分析の習慣は、自然や文化など、属地的条件のなかで解を探るドボクの仕事をするうえで、非常に役に立つ。

ただし、ここで重要なのは、最初から客観的であろうと気張らないことだ。まずはどっぷり日本の生活に浸ってほしい。そうしてこそ見えるもの、そういうなかでこそ接触できる世界がある。これは私自身が7年にわたるドイツ留学で実感したことでもある。一見研究とは関係のないことに満ちあふれた日々、その最たるものが趣味のオーケストラでの演奏活動であった。研究室の外で、幅広い年齢層の音楽仲間と築いた親密な人間関係には、さまざまな場面で助けられた。そして思いがけない収穫もあった。彼らとの日常的なやりとりを通じて、ドイツ市民がまちや都市というものをどう捉え、どのように暮らしを楽しみ、何を問題とし、何を守ろうとしているのか、肌で感じることができたのだ。

こうした経験を積み、消化するなかで体得される〝生活空間へのまなざし〟も、ドボク人にとって大きな強みになる。逆にこうした実感を抜きにしてドボクを語ることは案外難しい。ドボクはおそらく皆さんが思っている以上に、文化とコミュニケーションの分野なのである。

文化や言葉、コミュニケーション作法の違いは、留学生が直面する最も大きな壁のひとつであろう。だがこれを乗り越え、楽しめるようになりさえすれば、その先には間違いなく豊かなドボク人生が待っている。Enjoy everything in your life!

佐瀬優子(させ ゆうこ)　フリーランス通訳翻訳者。1975年千葉県生まれ。2001年東京大学大学院社会基盤工学専攻修了後、独ダルムシュタット工科大学に留学。同大非常勤講師を経て、2008年から名古屋大学国際環境人材育成プログラム特任助教、出産を機に2011年退職。現在は不定期に仕事をしつつ育児中心の生活。得意科目／国語、数学。苦手科目／暗記モノ。バイト経験／建設コンサルタント、カフェ、通訳、家庭教師など。

少し慣れてきたら

他学科の授業に潜り込もう

初めに言っておくが、もともと私は土木が好きではなかった。むしろ嫌いだった。土質も水理も勉強はしたが、楽しいとは思えなかった。恐らく、皆さんのなかにも私と同じ気持ちの人は多いだろう。そして、それでいい。むしろその気持ちを大事にしてほしいと思う。

とにかく細かい計算と専門知識の暗記ばかりな土木の授業を退屈だと感じるのは当然である。そこで、退屈な土木〝以外〟の授業を受けてみよう。何でもいい、自分が少しでも興味のある分野を見つけて潜り込んでみよう。大学は高校と違い、受けたい授業を自由に受けられる場所である。私は、ほんの興味本位で（まったく畑違いの）経営学の授業に潜り込んだが、やはり面白かった。同じ暗記でも全然苦にならないし、もっと知りたくなるのだ。じゃあなぜ土木は面白くないのだろう？　と自問自答の日々だった。

土木の授業が退屈だと感じる理由は人それぞれだが、私の場合は〝人〟という観点が欠落しているからだった。それは、景観設計学研究室に入って気づいたことである。土木はモノの機

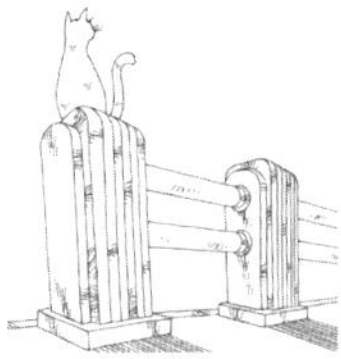

能性が追求されるが、景観は土木を〝どう使うか〟について考える。土木が創る空間は〝公共〟であり、人が日々を生きる場である。だから、その空間を人がどう使い、感じるのかについて考える必要がある。土木は地図に残る意義ある仕事だとよく言われるが、私はそれでは不満だ。〝記憶に残る〟仕事がしたい。人が使いこなし、馴染みをもって、好きな場所として覚えていてくれる。そんな場をつくることができるのがドボクであり、景観だと思う。

経営には、消費者に「経験」を提供するという考え方がある。ただ欲しい物を買うだけでなく、それを買ってよかったと感じてもらう、それが「経験」の提供である。例えば、私がお気に入りのカフェに行くのは、ただコーヒーが好きだからではない。そのカフェに行けば、その空間と時間がもつ心地よさを「経験」できるからだ。土木も、ただ物をつくるためではなく、そこを利用する人に快適な経験を与えるためにあるべきだと私は思う。

土木を面白くないと感じられる感性を大事にしてほしい。それはきっと、なんの先入観ももたず、まっさらな思いをもつ人にしかない貴重な感性だ。そんな皆さんだからこそ見つけられる土木の〝ダメなところ〟、それをぶっ壊せばいい。それは皆さんにしかできない、土木への挑戦状である。土木以外の分野を学ぶことは、その挑戦の突破口を見つけるのに大変役立つのである。

湯川竜馬（ゆかわ りょうま） 京都大学大学院工学研究科社会基盤工学専攻修士２年（景観設計学研究室）。1990年奈良県生まれ。2013年京都大学工学部地球工学科卒業。得意科目／都市景観デザイン、交通マネジメント工学。苦手科目／土質力学、水理学、構造力学。バイト経験／飲食店１年勤務、塾講師３年勤務、土木コンサルタント１年勤務。

ドボク学生の読書術

土木の世界に進んだのは、子どもの頃に夢中になった『大草原の小さな家』シリーズ（インガルス・ワイルダー）の影響かもしれない。家財道具一式を積んだ馬車で原野を移動し、小さな家と教会を建て、村をつくり、また移動する。「まちはつくっていくものでもある」と理解した。土木の仕事に畏れを抱くようになったのは『高熱隧道《ずいどう》』（吉村昭、１９６７年）、『常紋トンネル』（小池喜孝、１９７７年）を読んだからかもしれない。数十年も使われる社会の基盤をつくるには、好むと好まざるとにかかわらず多くの人を巻き込んでしまう。関わる者は、謙虚で慎重でなくてはならない。

では、ドボク学生のあなたはなぜ読むのか。あなたを待ち受ける土木の世界を知るためだ。そして、あなたが土木を通じて関わる相手のことを想像する力を養うためでもある。土木の仕事はどのような場面でも立場でも、人に伝えることが求められる。相手の環境、経験や知識、価値観を想像できることはとても大切なのだ。でもね、本の虫の私としては、本に引きずり込

まれるあの快感を味わってほしい。

そこで、読書を楽しむためのヒントを二つ。

まずは「他人の本棚を見ること」。おもしろいと思える本を探し出すのはとても難しい。新刊書を、あるいは古典をすべて読むなど不可能だ。そこで周りの人の読書履歴である「本棚」にお世話になる。私がお世話になったのは、両親（ロシア文学から、落語、推理小説まで種々雑多）、高校の図書室（純文学）、研究室の先輩たち（社会学、路上観察学、建築史、そして『ゴルゴ13』）の本棚だ。現在は、友人たちのネット上の読書の記録が本棚代わり。ブログやつぶやきに出てくる本に注目している。他人の本棚は本を手に取るきっかけなのだ。専門となる土木の本は読まざるをえない。ならば、楽しむ読書は自由な視点で選んでしまおう。

そして、もうひとつのヒントは、「自分の本棚を公開すること」。部屋の本棚を見せるのももちろんだが、私は２００６年から、読んだ本のほとんどすべてを、短い感想とともにブログ「ぷくぷく日記」（http://kiko.funyan.jp）に公開している。数えてみたら約７００冊。私の頭の中をさらけ出しているようなものだ。「こんな本を読んだのか？」と自分で驚くこともある。思いもかけない人から思いもかけない反応をもらい、それが次の読書のヒントにもなっている。

未来の社会基盤をつくる未来のあなたは、これから読む本でできあがる。じゃんじゃん楽しく読もう。そしてあなたの本棚を私にも見せてほしい。

山田菊子（やまだ きくこ） 東京工業大学大学院 研究員。1964年兵庫県生まれ。1989年京都大学工学部交通土木工学科卒業、1991年同大学工学研究科応用システム科学専攻修了。㈱三菱総合研究所、㈱HVC戦略研究所、小樽商科大学CBC研究員、同准教授を経て現職。得意科目／国語、英語、力学、美術、体育。苦手科目／目に見えにくい種類の物理（熱力学、電気）。バイト経験／家庭教師、カレー屋、建設コンサルタント、国際会議運営会社など。

少し慣れてきたら

ネット利用は〝ほどよい〟距離感で

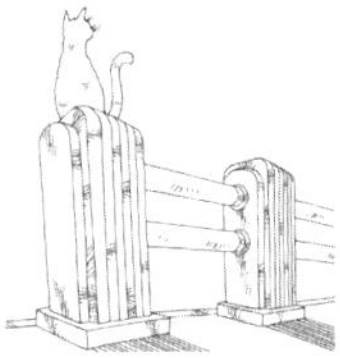

インターネットはさまざまな情報をすぐに入手することができる便利なツールである。もちろん、土木の世界でもインターネットは必須だ。デジタルマップの閲覧や気象予測など、土木を身近に感じることが増えてきた。土木ウォッチングというサイトでは土木施設が織りなす街並みや風景の閲覧も可能だ。ぜひ、のぞいてほしい。きっと土木に携わりたくなると思う。ところで、こんなニュースを聞いたことはないだろうか。「今回の地震によって震源地が東へ30㎝移動しました」。地震による地殻変動のニュースだ。これを聞いて君はどう思うだろう。へぇ、そうなのか。それぐらいだと思う。でも、少し疑問に思ってほしい。なぜ東へ30㎝と言い切れるのだろう。このような疑問の解決に、インターネットは有効なツールだ。例えば、先に挙げた地殻変動だと国土地理院が測量の成果を公表している。地震が発生する前の測量成果と発生した後の成果を比較すると、本当に地殻変動が起こっているとわかる。それだけではなく、実は日本ってどんどん沈んでいることもわかったりする。すると例えば百年後のまちづく

りを考えたとき、今の海抜2ｍ以下は沈んでしまう日本のことも、視野に入れることができるようになる。このように、興味や疑問の先にある新たな知見を得られることも、インターネットの魅力である。

ただし、これだけは気をつけてほしいことがある。その情報源はどこか、ということだ。地殻変動の話に戻ろう。測量の成果を公表しているのは国土地理院である。国土地理院は国民の生活のために責任をもって測量や調査を行う国の機関だ。確かなデータをもとに公表しており、信頼に値する。ここで仮に、君たちの友達のブログに、地殻変動が起きたと書かれていたとしよう。友達のブログだから、君たちはおそらく信頼するだろう。しかし、他の人はどうだろう。何を根拠にその情報を信用すればいいだろう。つまり、〝本当にその情報は正しいのか〟という問いかけに答えることができなければ情報として扱うことができない、ということだ。

インターネットは便利で有効なツールである。しかし、そこで得る情報は疑ってほしい。本当に正しいのか。これはインターネットに限った話ではない。先生が言うことだって間違っていることがあるかもしれない。

膨大に流れ込む情報を鵜呑みにするのではなく、いつも自分の頭で考え、正しい情報を選び取る習慣を身につけてほしい。

大野峻（おおの たかし）　岐阜大学大学院工学研究科社会基盤工学専攻1年。1991年愛知県生まれ。2014年岐阜大学工学部社会基盤工学科卒業。得意科目／構造力学、水理学。苦手科目／コンクリート構造学。バイト経験／塾講師、飲食店。

コンペで実力をつけよう

コンペとはコンペティション（competition：競技）の略で、土木では「設計競技」のことを指す。その名のとおり設計者を決めるための競技である。学生のためのアイデアコンペから、実現を前提とした実施コンペ、世界中から応募がある国際コンペといろいろあるので、先輩や先生に聞いてみるといい。

私は大学院生になってからの8カ月で計4回のコンペに参加した。学部4年間は部活動一本だったため、少しでも経験を積もうと次から次へと挑戦してきた。もちろんコンペに出ること自体が大切なのではない。コンペがドボクのものの見方や考え方を学ぶのには最適だと考えているからだ。

まず、最終審査の直前まで必死になって準備するその過程に意味がある。例えば、対象となる敷地での設計が、地域の人々にどのような影響を与えるかを考える。「まち」への注意深い考察が求められ、自ずとドボク的見方が身に付いてくる。そして、いざカタチにする段になると、

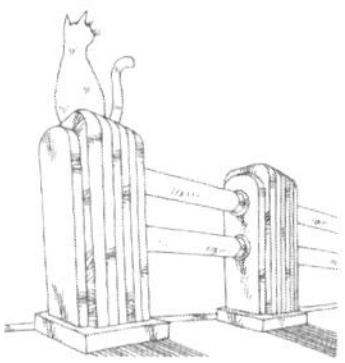

今度はカタチ一つひとつに意味があることに気がつく。例えばベンチの高さ・向き・足下の素材が利用者の行動をどう規定するだろうか。ここでもドボクの見方に触れることができる。そして最後に待っているのが、自分のアイデア・デザインを人に伝えるプレゼンテーションである。どれだけよく練られた案でも、人を惹きつけなければ勝てない。優勝するアイデアがシンプルに思えるものが多いのは、それだけ人に伝わりやすい強いメッセージあるからだろう。私のこれまでの4回のコンペの結果はどうだったかというと、恥ずかしながら優勝どころか入賞すらしていない。初参加のコンペでは、よく考えられてはいるけれど提案の鋭さに欠けると言われ、次はパネルのつくり方や見せ方は手慣れているがもう少し理論を詰めるべきとの講評をもらった。つまり、どれかひとつでも欠けてはいけないのだ。これらの経験を活かして次こそはと、現在5回目の挑戦に向けて戦略を練っている。

デザインはスポーツに喩えられることがある。頭と体が同期して初めて外の世界にカタチを造り出せる。そう考えると、コンペはまさに試合である。

将来、より大きな勝負に出る前にひとつでも多くの練習試合を経験しておくことが大切なのは言うまでもない。すぐにでも試合に出て、バランス感覚や力加減を、肌で感じて学ぶべきである。

佐井倭裕（さい かずひろ）　東京大学工学系研究科社会基盤学専攻修士1年（景観研究室）。1990年大阪府生まれ。2010年東京大学教養学部理科一類に入学し、2012年工学部社会基盤学科に進学。2014年東京大学大学院入学。得意科目／景観学。苦手科目／構造力学、地盤工学など。バイト経験／採点、家庭教師など。部活／競技ダンス部。

少し慣れてきたら

やってよかったインターンシップ

インターンとは、学生が一定期間、実際の会社で業務を体験することである。土木は幅広く、どの仕事が自分に合っているか、何をしたいか迷う。興味のある職業があっても、本当はどういう仕事なのか理解するのは難しい。ならば、インターンを経験してみよう。

さて、私はこれまでに二度のインターンを経験している。一度目は大学三年生の時、建設コンサルタント会社だった。しかし、「就活に向けて私が進むべき方向を明確にしておこう。先手必勝。人生は勝負！」といった高い意識が私にあったわけではもちろんなく、単に単位を取るためという動機であった。インターン先では水路の流量計算をしたり、山越え道路の線形をCADで図面に起こしてみたりといろいろな業務を体験させてもらったが、一番の収穫は、知り合った社員の方々との会話のなかにあった。インターネットでは見つけられないような仕事のやりがいや進路の決め方など、学校では決して聞くことのできないであろう働いている人たちのモノの見方、考え方を聞くことができた。さらに、その社員の方とは今でも交流がある。

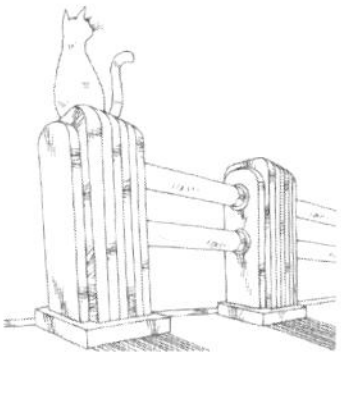

普段出会うことのない社会人と知り合いになれるというのは、インターンにおける最も大事な部分だと思う。

こうした経験もあって、大学院一年生の時にも再びインターンを経験した。二度目も建設コンサルタント会社であったが、同じ業種でも仕事の中身はまったく異なるものであった。今回のインターン先は東日本大震災の復興事業に参加していて、私も二週間、被災地域で研修を体験させてもらうことになった。初めて被災地に立った時、そこには想像をはるかに超える悲惨な光景が広がっていた。現地での最初の食事は、気持ちが混乱して喉を通らなかった。現地調査に同行し、まちの様子を目に焼きつけ、復興事業について話し合う会議にも参加した。被災地で働く社員の方々の真剣な息づかいは、今でも鮮明に思い出せる。「こうなりたい」と素直に思える社会人ばかりだった。

インターンの経験を通して、「この職種はこういう仕事をするのだろう」と、仕事を我見で評価していた自分に気づいたのはもちろん、インターンという活動自体、やってみる前から過小評価していたことがわかった。

足を動かして実際に働いている人に会う。足を動かせば視点が変わり、人と話せば視野が広がる。今ではそれが、なりたい自分を見つけるための近道だと思っている。

上口雄太郎（うえぐち ゆうたろう） 熊本大学大学院自然科学研究科社会環境工学専攻修士２年。1990年熊本県生まれ。2012年熊本大学工学部社会環境工学科卒業。2012年に熊本大学大学院に入学。得意科目／数学。苦手科目／国語。バイト経験／弁当屋、飲み屋、塾。

他大学の友達をつくろう

ひとつの学校というのは、意外に狭い世界だ。同じような人間が集まり同じようなものを見て、同じように学び、毎日一緒に時間を過ごしていれば、考えることや関心の幅は自然と似てくる。

例えば進路に関する情報も、先生や研究室の先輩経由の限られたネットワークからしか入ってこない。私がそう気づくことができたのは、グランドスケープデザインワークショップ（以下、ＧＳＤＷ）に参加したからだった。ＧＳＤＷとは、毎年夏休みに、土木・建築・都市・造園などを学ぶ全国の学部生・院生30人近くが集まり、4人1組で約1週間かけてデザイン提案を行うワークショップである。私は2年前にＧＳＤＷに参加し、初めて他大学の友達をもった。彼らとは、今でも連絡を取り合っていて、就活や面白かった書籍、取り組んでいる研究、プロジェクトの情報交換をしている。旅行をする時には地元の土木スポットを教え合ったり、案内し合ったりする。そして時折集まっては、お酒を飲みながら将来について語り合う。たまにし

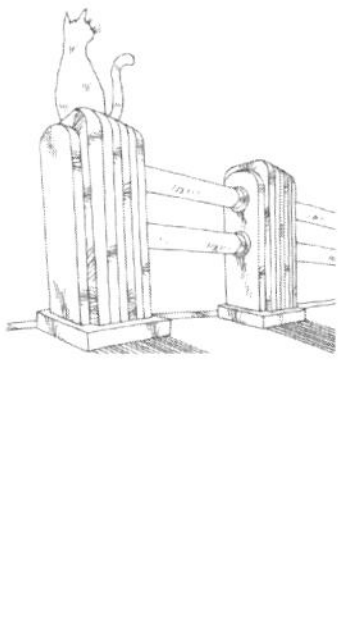

か会えないが気心が知れている彼らとは、毎日会う友達には恥ずかしくて話せないような真剣な話も、熱い話も、臆することなく議論できる。とても居心地のよい一時だ。

　また彼らの存在は、知らなかった広い土木の世界を私に教えてくれた。例えば、それぞれの大学の雰囲気。景観分野の私が他大学の大学院への進学を考えていたとき、GSDWメンバーたちの研究室を訪ね歩いたのだが、これはまさにカルチャーショックだった。模型をつくりながらコンサルタントと協働して実際に土木構造物を設計するデザイン系研究室もあれば絵図や古文書などから土木と生活の関わりを知る歴史系研究室もあったりと、同じ分野の看板を掲げていても、やっていることは大学によってまったく違っていた。おまけに、研究室の雰囲気や先生方のことまで知ることができた。

　それから、土木アルバイト。建設コンサルでの解析や設計事務所での模型制作など、自分の専門を深められるアルバイトがあることを知った。そして、就職。自分で門を叩いて個人設計事務所や海外の事務所に就職した人の話といった、これまで聞いたこともなかった多くの職業の選択肢があることを知り、そういう道に進む友人の背中を見ては刺激を受けている。そしてその過程で考えたことなど、一歩踏み込んだ話が聞けるのは友達だからこそだ。近すぎて見えない、言えないことがある。他大学の友達は多ければ多いほどいい。これからもそれぞれの道で10年、20年と、同じ時代の空気を吸いながらともに社会をつくっていく存在として。

中島直弥（なかじま なおや）　信州大学工学部土木工学科4年。1990年東京都生まれ。2012～13年 ルーベン・カトリック大学 KULeuven（ベルギー）留学。得意科目／景観、都市地理学。苦手科目／水理学など。バイト経験／ホテル、レンタルビデオショップ。

「土木学会」をどんどん活用しよう

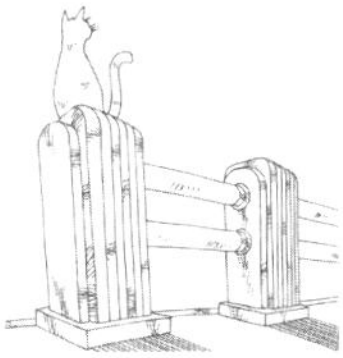

土木学会をご存じだろうか。3万人超の会員がいる大きな学会だ。私は大学院に入学した頃に会員となり、同時期に関西支部の市民交流を担う委員会に参加した。そして現在までいろいろな活動に関わっている。その経験をもとに、学会を活用する方法をお伝えしたい。

まずはやはり、研究発表。研究者になるつもりがなくても無縁じゃない。卒業までには一度は発表する。社会に出てから研究発表する機会も多くある。土木学会の英語の名称は〝Japan Society of Civil Engineers〟。土木技術者の会なのだ。

次は学会誌。毎月送られてくる土木学会誌には、編集委員たちによる凝りに凝った特集が掲載されている。最近ではダムや橋、放水路などの社会基盤施設を観光に活用しようなんていう楽しい特集もあった。学生編集委員が大物にインタビューする連載もある。学会誌は土木の仕事の広がりを知るよい機会になる。

イベントへの参加もお忘れなく。講演会、講習会、見学会、ワークショップなど、その数は驚くほど多い。災害の復旧工事や建設工事現場の見学会、50年後の社会についての討論会、そしてコミック『ドボジョ！』の編集者と語るサロンなんていうものもあった。

ここまできたら、あとはひとつ！　そう、運営する側になることだ。実はこれが一番おもしろい。所属、年齢、専門分野、価値観の異なるさまざまな会員とともに、大人として扱われつつ仕事をし、土木の仕事の進め方や、社会における位置づけを学ぶ。ロールモデルを見つけることができるかもしれない。私が院生時代に参加した委員会では、突飛な企画を提案しておもしろがられた。ここには書けないような失策もしでかしたが、挽回の方法を教えてもらった。担当した土木関連施設のスタンプラリーでは、小さな子どもを二人連れて参加したお母さんから「私自身が楽しかった」とお礼の手紙をいただいて涙した。

そしてあなたが女性なら……。女性の学生や技術者が集まる場に参加することをおすすめする。土木界の女性は急激に増えているがまだまだ少数。所属する組織の中に同性の同僚、先輩を見つけるのは難しい。私も最初の就職先では唯一の土木女子だった。助けになったのが学生時代から会員だった土木技術者女性の会。結婚などで所属や住む場所が変わり自分のアイデンティを見失いそうになった時期にも、会の仲間や先輩からは変わらずに助言をもらえた。今でも土木に関わっているのは彼女たちのおかげだ。困ったときの解決策のひとつに加えてほしい。

では皆さん、次は土木学会で会いましょう！

山田菊子（やまだ きくこ）　東京工業大学大学院 研究員。1964年兵庫県生まれ。1989年京都大学工学部交通土木工学科卒業、1991年同大学工学研究科応用システム科学専攻修了。㈱三菱総合研究所、㈱HVC戦略研究所、小樽商科大学CBC研究員、同准教授を経て現職。得意科目／国語、英語、力学、美術、体育。苦手科目／目に見えにくい種類の物理（熱力学、電気）。バイト経験／家庭教師、カレー屋、建設コンサルタント、国際会議運営会社など。

すべての授業はひとつながり

ドボク学科では、２年生くらいになると、「専門科目」と呼ばれる授業がドシドシと出てくる。材料、構造、地盤、水理、計画、環境。場合によってはまだまだ広がる。これらをすべて、基礎からコツコツと学ぶことになる。

この時に、陥りやすいワナがある。例えば「構造力学」なら、「このあたりにはこれくらいの力がこちら向きにかかっているな」なんてことが、わかるようになるが、ある時ふと、思うのだ。「だから何なのだろう？」と。これがワナ。自分が今何をやっていて、何のためにやっているのかが見えなくなるのだ。そうやって立ち止まってしまった時には、想像力がモノをいう。もともとはひとつのモノづくりのために必要な知識であることをイメージしてみよう。

例えば橋。本来ひとつの橋をつくるには、力の働きを理解している職人がいればよい（構造力学）。けれども橋が人よりはるかに大きくなるとひとりではつくれず、多くの労働力が必要になる。となると、限られた予算で効率的に進めないといけないし、その橋がもたらす恩恵を

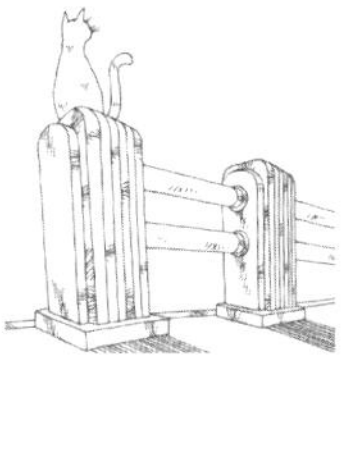

明確に示さなくてはいけない（計画学）。その橋を支えるために橋脚が川の中に立てば、水の振舞いにも注意（水理学）をしないと災害を起こす。あるいは、一息に向こう岸まで渡すには、大きな力に長い間耐える材料も必要だ（材料学）。地盤はその橋をちゃんと支えてくれるだろうか（地盤工学）。橋の設計だけでも、必要に応じて関連分野がどんどん広がってきた歴史がある。専門科目は、常に大きな目的の一部分。それが組み合わさって何をつくるのか考える時に、生命が吹き込まれるのだ。

社会に出ると、実はつながっている他の専門が見えていることが、強みになる。チームプレーのドボク・プロジェクトが、お互いの専門の基本を知っていれば、コミュニケーションがうまくいく。例えば、ある川に橋を架けるプロジェクトがあったとしよう。「強い構造」、「長寿命の材料」、「豊かな生活」、「安全な環境」が求められた場合、それぞれを叶える専門家がお互いを認め合えなかったらどうなるか。ひどく頑丈なコンクリートの塊に川が埋め尽くされる。桁違いの材料費で一生借金を背負う。眺めは美しいが渡るたびに命の危険を感じる。逆に、絶対安全だが壁に囲まれ一切風景が見えない……。そんな橋は嫌だろう。その点、社会をより良くしていく目的で一致して、互いの狙いを知っていれば、視野が広がり、条件以上の新しいアウトプットが出せるだろう。そう、大学の専門科目は、それぞれの内容を一通り経験してみることで、技術者としての視野を拡げることを狙いとしている。

出村嘉史（でむら よしふみ） 岐阜大学工学部社会基盤工学科准教授。1975 年愛知県生まれ。2000 年京都大学工学部地球工学科卒業。2003 年京都大学で博士（工学）取得。2003 年より京都大学助手、助教を経て、2009 年より現職。2007 年から翌年までシェフィールド大学（英国）にて研究員。得意科目／景観デザイン。苦手科目／材料学（今は好き）。バイト経験／家庭教師、アートスクール、専門学校、美術品輸送、薪能会場、土質調査、パン工場など。

あらゆるモノの「構造」を感じよう

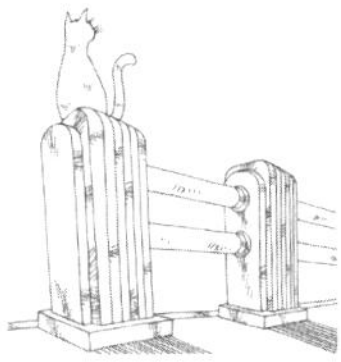

象の骨とリスの骨を比較してみよう。長さが同じになるよう並べてみると、象の骨がリスの骨より太く見えることに気づくだろう。これは、重力のある地球上では、モノの大きさによって最適となるプロポーション、構造で言うところの細さと長さの比（細長比）が変わることが影響している。一般的に動物の骨というのは、重さは長さの3乗に比例するのに対し、断面積は長さの2乗に比例する。つまり、断面積あたりに作用する力はサイズに比例して大きくなる一方で、骨という材料が耐えられる断面積あたりの力は一定であるということになる。もし人類の平均身長が1ｍになれば人々のプロポーションも当然変わるはずで、もっとスレンダーな人が多く現れるだろう。とても単純な話であるが、構造に係る大事な話である。

構造を学んでいると、数式の羅列ばかりで何の役に立つのかわからないと思う時がくるかもしれない。そんな時は細かい計算よりもまず、何がインプット（変数）となり、アウトプット（結果）にどう影響するのかを考えよう。そして、できるだけ電卓を叩いて手計算で解く習慣をつけよう。知らず知らずのうちに構造に対する「直感力」が養われるはずである。ここでいう直感力とは、ある構造物（もしくは設計図。象やリスの骨格だって設計図だ）を見た時に、すごい！　と思ったり、どこかおかしいな？　と感じたりする力のことである。

そして世の中にある構造物から、学んだ理論と現実の結びつきを想像してみよう。ある技術者が設計をする際に、計画、地盤、施工、経済などの制約条件を踏まえ、多岐にわたる検討を行い、最適解として設計案が決定される。ただ、時代によって構造物に必要とされる機能も変われば、地盤の調査技術や施工技術も進化するし、掛けられる予算の規模も変わり、最適解は常に変化する。すべてのモノ（人工物はもとより自然物も含む）にはそういう形と構造になる理由があることを覚えておこう。

最後にもうひとつ、時間に対する想像力をもとう。土木構造物はおよそ百年にわたって人々の役に立つことが求められ、技術者にも、百年後への想像力が求められる。幸い、身の回りには建設後百年経った構造物がたくさんある。このような構造物に足を運んでまずは何かを感じることが、構造を考えるうえで一番大事なことかもしれない。

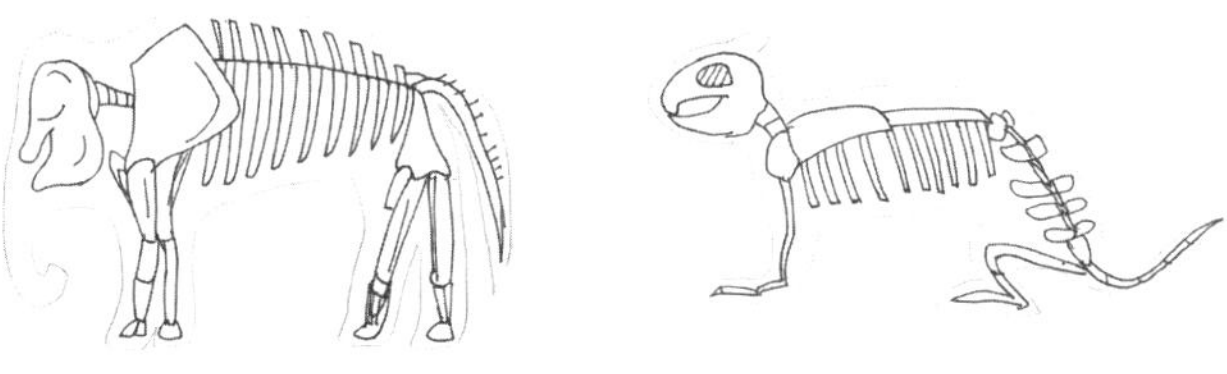

象とリスの骨格イメージ図

石原大作（いしはら だいさく）　パシフィックコンサルタンツ㈱勤務。1982年兵庫県生まれ。2008年横浜国立大学大学院環境情報学府環境システム学専攻修了。同年、パシフィックコンサルタンツ㈱に入社。以来、主に橋梁設計に携わる。2015年現在、独立行政法人土木研究所において交流研究員として従事中。得意科目／物理、数学、英語。苦手科目／得意科目以外すべて。バイト経験／古書店、イベント補助。

数式の先に広がる「水」の世界

日本人の約半分が、河川が氾濫したら浸水してしまう土地に住んでいると聞いたら驚くだろうか。だが、地図で東京や名古屋、大阪といった大都市を見ると、そこに必ず川が流れていることに改めて気づくだろう。私たちが普段、洪水の危険を感じることなく生活できているのは、堤防やダムといった治水施設によって、一定規模以下の洪水から守られているからだ。水理学や水文学（地球上の水の循環に関する学問）といった「水」に関する科目を土木学科で学ぶ目的のひとつは、洪水や高潮、あるいは津波といった自然現象を理解し、水災害から人命や資産を守る治水の技術を知ることにある。そのために水の性質を学び、川の個性を知ることが必要なのだ。とはいえ、教科書に並ぶ数式をみて、それらがどのように「人命や資産を守る」ことにつながるのかイメージしづらいのもまた事実。水理学や水文学が苦手という学生がいるのも（皆さんにはそうなってほしくないが）、このことに起因しているように思う。

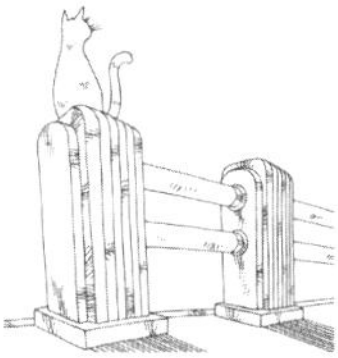

治水を行う際、初めに、ダムや堤防といった治水施設にどの程度の規模や機能を求めるのか、

つまり「どの程度の洪水を想定して治水を行うのか」という目標を設定する。日本では、降雨量を基準としてこの目標を設定している。例えば、時間80㎜の降雨に対して治水を行う場合、この雨がどのように地面を流れて、どれくらいの水量が川に流れ込むのかを算出する。もちろん、この水量やタイミングは、流域の大きさや地表面の状態によって変わってくる。水文学で学ぶ「流出解析」は、この地表面の水の流れを計算するための手法だ。次に、川へと流れ込んだ水が、ある地点ではどの程度の流量そして水位になり、どのような動きをするのかを推定する。そして、この推定された水位や洪水の動きに対して治水施設に必要な規模や機能を決定する。これらを理解するために必要なのが水理学である。また、洪水や津波が氾濫したときの氾濫流の動きや量を推定するときも、水理学の理論が用いられる。

　このように、教科書で学ぶ水文学や水理学は、実際の治水の現場へと直結している。だが、教科書を学べば治水や洪水が理解できるかというと、決してそうではない。川は人の顔と同じで、ひとつとして同じものはなく、治水の方法も川ごとに異なる。土木で水を学ぶ醍醐味のひとつは、この〝川の個性を理解する〟ことにあると言ってよい。川の個性を理解するには、実際に川を訪れて見比べるのが一番。数式の先にある実際の水の世界は、より一層、魅力的に見えるはずだ。

中村晋一郎（なかむらしんいちろう）　名古屋大学大学院工学研究科社会基盤工学専攻講師。1982年宮崎県生まれ。2006年芝浦工業大学工学部土木工学科卒業。2008年東京大学大学院工学系研究科社会基盤学専攻修了。パシフィックコンサルタンツ㈱で河川・防災計画に携わったあと、東京大学「水の知」（サントリー）総括寄付講座特任助教などを経て、2014年より現職。得意科目／河川工学。苦手科目／土質力学。バイト経験／バーテンダー、塾講師。

「測量」はドボクの基本

国土の姿を測り、表現する。それが測量の醍醐味だ。皆さんも日常的に、スマートフォンを使って現在地を調べたり、周辺の地図を見たりするだろう。このサービスを支えるのも、測量という技術だ。自分たちが生活している大地を見る目を養うことができる学問である。授業では、地球の形状や位置の測り方をさまざまな測量方法を通して学ぶことになる。簡単にこれらの技術を紹介しよう。

まず、自分の位置を知るために使われるのはＧＰＳ。衛星からの電波で位置を測る技術だ。これは、地図をつくるためにも使われる。地図の骨格となる基準点（電子基準点、三角点、水準点など）は、衛星からの正確なデータで測ったり、または地上での正確な距離や角度を測らなければ決められないのだ。さらに空中から撮った写真（写真測量という3次元測量）で詳細な情報を肉付けしていく。最後に、ＧＩＳという技術ですべての情報をまとめあげれば、今皆さんのポケットの中にあるスマホの地図がつくれる。ここでは紹介しきれないが、測量学はこ

のようにさまざまな技術を駆使して、国土を知るための学問なのだ。

理論を知ったら、実際に現場で測量してみよう。ほとんどのドボク学科で、測量実習が用意されている。理論だけではわからないフィールドでの苦労が山ほど出てくるだろう。猛暑あるいは酷寒のなかでの現場作業は、卒業後も忘れられない思い出になる。そして何より、ひとりではできない測量は、ドボク人に欠かせない〝チームワーク〟を醸成する格好の機会となる。入学した学科が国土地理院の認定学科になっている場合には、測量学と測量実習の単位を取れば、申請だけで測量士補の資格取得、といったオマケまでついてくる。

さて、地図にも、Googleマップや住宅地図などいろいろあるが、土木分野の代表選手はやはり地形図。地形図とはその名のとおり、標高や樹林などの植生といった自然の特徴や、住宅地などの土地利用や橋などの構造物といった人工的な地理情報をまとめたもの。あなたの暮らすまちの地形図を眺めてみよう。尾根筋を走る道路、スリバチ地形に集まっている住宅地、崖と土地利用の関係など、情報を俯瞰的に見て初めてわかることがきっとたくさんあるだろう。そして、どんどんスケールを広げていけば、それは国土の姿につながる。地図を見れば、自分の暮らすまちから国土までのさまざまなスケールで、自然と人間の営みの関係が浮きあがってくる。

布施孝志（ふせ たかし）　東京大学大学院工学系研究科社会基盤学専攻准教授。1973年長野県生まれ。1997年東京大学工学部土木工学科卒業、2002年同大学院社会基盤工学専攻博士課程修了。東京大学助手、講師、国土交通省国土技術政策総合研究所研究官を経て、2010年より現職。得意科目／空間情報学。苦手科目／水理学。バイト経験／予備校チューター、建築現場作業員など。

「材料」は物理と化学の合わせ技

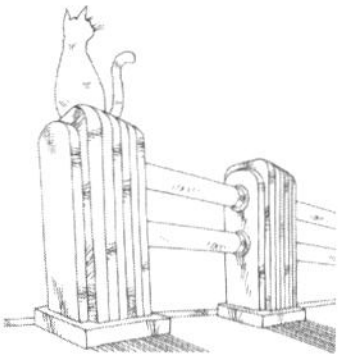

例えば、建築物の表面はタイルなどで覆われているのが一般的だが、土木構造物は材料の肌がむき出しになっている。その点、土木構造物のほうが無骨な印象を受けるかもしれない。しかしモノを形づくる材料は、鋼鉄、コンクリート、アスファルトなど、土木も建築も同じである。

土木構造物で用いられる材料の〝性能〟とは、設計者の立場から見ると設計計算を行うための数値、つまり強度の話ばかりになりがちで、材料の〝特性〟について関心の高い設計者は少ないように思える。

だが、構造物を設計するためにはぜひこの〝材料の特性〟に着目してほしい。皆さんが社会に出る頃には、土木構造物を新しく造ることよりもメンテナンスをしながら長く使い続けることが課題となってくる。そして、構造物の劣化は物理的な劣化だけではなく、じつは化学的な現象による劣化が大半である。

私の専門はコンクリートだ。学生時代、土木材料学の先生からは「コンクリートは生き物だ。

心を込めてつくるように！」と教えられた。鋼鉄のような安定した品質をもつ材料とは違って、コンクリートは材料の配合、施工精度、海岸線に近い地域や凍結作用を受けるような環境条件で、強度や耐久性が変わってくるからだ。そのコンクリートが固まること（硬化）を「乾く」と間違えて理解している人もいるが、この現象はセメントと水の化学反応によって砂と砂利がくっつくことで生じる。つまりコンクリートを語るには化学的な知識も必要なのである。土木系の学科は物理学を選択して受験をする人が大半だ。そのため、コンクリートの講義で化学的劣化の話が出てくると、それだけで拒絶反応を示してしまう学生も多い。でもドボクのプロになろうと思うなら、化学に対する苦手意識を克服してほしい。劣化をいかに食い止め、長持ちさせるかも、土木技術者の腕の見せどころである。

私自身は、高校時代は化学部に所属して、河川の水質調査や食物の金属量の測定などをしていたため、化学への苦手意識はまったくなくむしろ好きな分野であった。コンクリート分野の研究を専門にしようと考えたのも、大学3年の時に受講した材料化学という授業がきっかけであった。この講義でセメント化学について学び、コンクリート材料に興味をもってその業界に就職、さらに現在の研究にもつながっている。化学好きが功を奏して、現在の私の専門がある。構造物に用いる材料の性能を把握したうえで、設計、施工、メンテナンスに従事できるような土木技術者を目指す人が、ひとりでも増えてほしい。

佐藤正己（さとう まさき）　日本大学理工学部土木工学科助教。1974年宮城県生まれ、静岡県出身。1999年日本大学大学院理工学研究科土木工学専攻修了。1999～2009年セメント会社で超高強度繊維補強コンクリートの開発に携わり、2010年より現職。得意科目／コンクリート工学、材料化学。苦手科目／語学。バイト経験／建設コンサルタントでの調査業務に従事。

足元を支えている「地盤」に近づこう

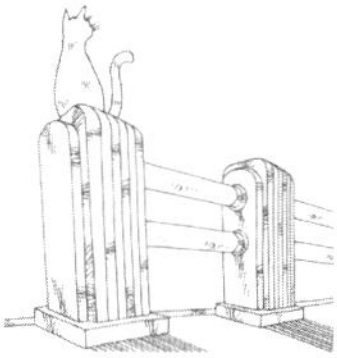

土質力学などの地盤を扱う科目では、地中の力のかかり方や変形、地下水の流れなどを学ぶ。この一文からだけでも、なぜそんなことを勉強する必要あるのかがわからず、構造力学や都市計画などとは異なり、とっつきにくいと感じる人がいるかもしれない。これは地盤が身近なようで遠い存在だからだろう。足元を見れば床があって、外に出てもアスファルトで覆われている。人が地盤の上に直接立つ機会はほとんどなく、地盤の中を覗くこともできない。私もそうだったが、遠い存在であるがゆえに、何のための勉強なのかが、わかりにくいのだ。そうならないために、地盤に近づく（深く知る）理由と方法を通してイメージが持てるようアドバイスを送りたい。

近づく理由――これは、地盤の上にたくさんの命が載っているからに他ならない。地盤は多くの構造物と私たちの足元を支えている一方で、豪雨や地震によって土砂崩れや液状化が生じると、人的・経済的被害を発生させるといった二面性をもつ。このため、「巨大な橋を造る、快適な都市を創る」といった土木的なプロジェクトを進めるには強固で安全な地盤を確保する必要があり、そのための知識が不可欠なのである。

近づく方法――深く知るには本やウェブで調べるのも手段のひとつだが、五感を働かせ実物に触れることも大切にしてほしい。例えば砂浜を歩いたり、久しぶりに泥団子をつくってみるのも良いだろう。ただの土という認識から、大きさ、形、色、におい、音など多くの違いを読み取れるだろう。泥団子を例にとれば混ぜる水の量によって硬さが変わったり、ドロドロになって団子がつくれなかったりすることに気づくだろう。

近づいた先に――では、その違いを人に伝える時、どう評価し表現したら良いだろう？　大きさは定規で測れば良さそうだが、硬さはどうか？　ここに違いを数値で表す方法（定量化）が必要となる。地盤分野において定量化を支える学問のひとつが土質力学である。ここで登場する計算はただの数学ではない。命を支えるための指標だ。泥団子は感覚でつくっても問題ないが、家の下の地盤やトンネルはそうはいかない。それを実感するには工事現場での地盤の調査や対策の方法、また液状化などのハザードマップでの評価方法を自ら調べてみることだ。そうした体験を通して、新しいプロジェクトや自然災害のような〝教科書に載っていない問題〟にも対応できる真の技術者を目指して勉強してほしい。

加藤一紀（かとう いっき）　早稲田大学創造理工学部社会環境工学科助手。1986年東京都生まれ。2009年早稲田大学理工学部社会環境工学科卒業。2011年早稲田大学大学院創造理工学研究科建設工学専攻修士課程修了。2014年同博士後期課程修了。2012年より現職。2015年より大林組入社予定。得意科目／構造力学、土質力学。苦手科目／都市計画。バイト経験／家庭教師、小学校理科教育支援員など。

未来につながる「計画」をイメージしよう

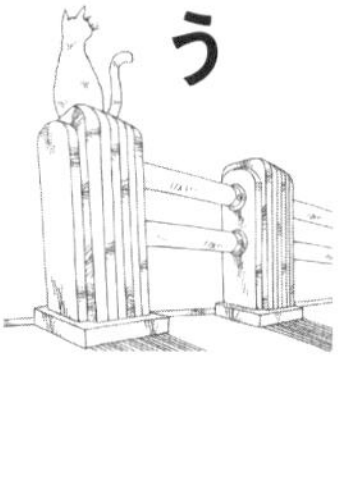

社会基盤、つまり道路や水道、あるいは発電施設のない生活をイメージしてみよう。これらがない生活を考えると、私たちの暮らしはたちどころに成り立たなくなることがわかる。それでは、この日本中に張り巡らされた社会基盤は、どのように計画され、つくられ、維持されているのだろうか。

もちろん、個人の家とはわけが違う。特定の人のためではなく未来の人々を含めた広い社会のために、国民の税金を使って建設・維持されるものだから、社会全体のことを考え、あるいは、その地域の歴史や伝統および自然環境を考え、さらに、将来の変化のことも考えて計画していく必要があるだろう。ここで問題となるのが、この社会基盤を、「いつ」「どこに」「どれくらい」建設して維持していくべきかという問題である。

これを探求するのが土木計画学である。つまり、土木計画学の専門家は、社会基盤の計画を広く社会から任されているとも言えるのである。

そのためにはまず、良い社会にとって「どのような社会基盤整備があるべきか？」を考える必要があり、さらに社会基盤を「あるべき姿にするため、どのようにつくれば良いのか？」と考え、実行に移す必要がある。この二つの問題をいつも同時に考えながら答えを探すのが、土木計画学の本来の役割である。例えば、高速道路網を整備する場合、日本全体にどの程度の高速道路網が必要だろうか？　そして、その必要な高速道路をどのように整備すべきだろうか？　といったことを、同時に考えるのである。

土木計画学の基礎となる学問は多岐におよぶ。「数理計画法」「確率・統計学」「経済学」「社会学」「経営学」「心理学」「政治学」「哲学」「景観・デザイン学」などである。これらすべての知識を獲得したうえで、先の二つの問題に答えを出すのが真の土木計画学の専門家である、と言いたいところだが、人の一生でこれらをすべて完璧に理解することは不可能だ。現実には、これらに拠って立つ社会基盤のあり方を〝考える〟ことが土木計画学を学習する、ということである。そして実務では、これらのさまざまな専門家集団をつくり、お互いの知恵を出し合って、実際の事業を計画し、整備し、維持しているのである。

他の科学技術分野とは違い、土木計画学は「普遍の真理を探究する」だけの学問ではない。むしろ、時代や社会の声に耳を傾けながら、先の二つの問題を常に考え、更新していく〝持続的な学問〟であり、そこが土木計画学の魅力なのである。

小池淳司（こいけ あつし）　神戸大学大学院工学研究科市民工学専攻教授。1968年三重県生まれ。1994年岐阜大学大学院工学研究科土木工学専攻修了。岐阜大学助手、長岡技術科学大学助手、TNOオランダ応用科学研究所客員研究員、鳥取大学大学院准教授を経て、2011年より現職。得意科目／数学。苦手科目／英語を含む語学全般。バイト経験／家庭教師など。

都市と自然をつなぐ「環境」を考えよう

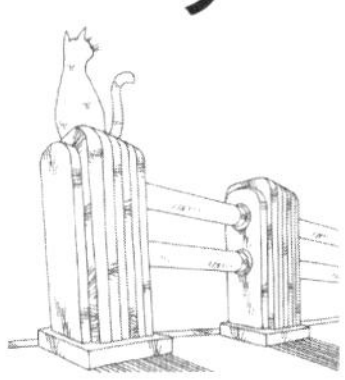

最近、ドボクの学科名に「環境」を含むところが増えた。

実際、私が働く愛媛大学も「環境建設工学科」を名乗っている。山を削ってトンネルを通し、川を跨いで橋を架けるのが、土木事業だ。土木とは、常に自然環境を変化させる行為なのである。だからこそドボク学科では、環境保全を学び、研究もするのだ。

専門科目を学びはじめると環境工学や水質工学といった科目に出会うこととなるだろう。その時に、これらの応用的学問に活用されているけれど入試や大学の他の科目ではなじみの薄かった、生物学や化学などの基礎科学に目を向けてみてほしい。

私が環境に興味をもったのは高校1年生の時。偶然目にしたドイツの川の再蛇行化に関するテレビ番組がきっかけだった。川の再蛇行化とは、洪水を防止するために、川の流れを一度直線化した河川を、多様な生物が棲みやすいように曲げ戻す自然再生工法である。郊外で生まれ育ち、真っ直ぐで水路のような川しか見てこなかった私にとって、このわざわざ川を曲げるという贅沢な発想がとても印象深かった。

それ以来、河川工学を専門として環境を研究してきた。毎日川に入っては水生昆虫を採り続け、自分はもはや生物学者なのではないかと思うこともあるが、やはりそうした生態系のバランスが整った川の環境や景観が人々に与える恩恵ははかりしれない。川は水源や排水路として使われるだけではなく、漁業、舟運、レクレーションなど人々の生活と多様に関わり、共存しあっている場である。公共の利益を追求するのがドボクであれば、自然環境も公共の財産のひとつ。自然に対して私たちが果たすべき役割は大きい。

近年、環境問題は開発途上国で深刻で、海外で研究や仕事をする傾向が強まっている。国際的に活躍できるチャンスと捉えてほしい。私は現在フィリピンでデング熱を媒介する蚊を制御する研究を行っている。現地の人々が困っている環境問題の解決に貢献できるのは、このうえない喜びである。

皆さんにもぜひ海の向こうにも目を向け、国際的な環境問題を考えてほしい。

渡辺幸三（わたなべ こうぞう） 愛媛大学工学部環境建設工学科准教授。1977年埼玉県生まれ。2000年東北大学工学部土木工学科卒業、2005年東北大学工学研究科土木工学専攻博士後期課程修了。2009～12年ドイツ・ライプニッツ淡水生態学・内水漁業研究所研究員などを経て、2012年より現職。得意科目／体育、数学。苦手科目／国語、製図。バイト経験／土木作業員、塾講師。

失敗しない「実験」の極意

実験はドボク学科ではどこでも必須の科目だ。その実験の極意とは「準備をしっかり行うこと」、これに尽きる。実験は難しい。ドボクの実験は、水や風や土といった自然の材料、そして地震や風水害といった自然現象のメカニズムを解明することが目的だ。自然を想定した実験なのだから結果の予測も実験の制御も難しく、思うようにいかないことのほうが多い。でもだからこそ、良い実験ができた後の充実感はひとしおだ。良い実験は多くの人々の生活を支え、自然災害から守る土木構造物のための貴重な設計資料となる。他の分野にはないドボク実験のやりがいである。

実験においては、得られる「データ」こそが最も貴重なものである。データこそすべてだ。だから万が一にも、何かの基準がずれたまま計測を始めたり、計測が途切れたりするトラブルがあっては、後から悔やんでも悔やみきれない。そのために、とにかく準備をしっかり行うのだ。

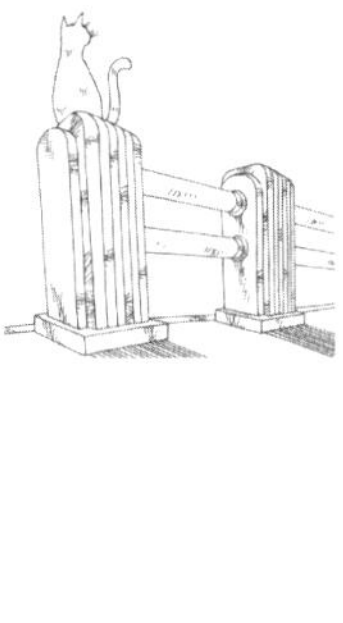

橋の上に重い車が通ったときの安全性を調べる実験を例に考えてみよう。試験体として橋桁をイメージした鉄筋コンクリートの梁を用意し、試験体の動きをはかるセンサとビデオカメラをセットして、上から負荷を与える実験を行う。データを正しく計測するため、事前に試験体の寸法を細かくチェックし、センサを取り付ける位置に目印をつけておく。この時、ビニールテープやマジック、カッターやはさみが活躍するかもしれない。試験体の鉛直、水平を確認するため、直角度を測定する金具や水平を計る器具も準備しよう。試験体やセンサの位置調整にドライバーやラジオペンチも必要だろう。さて、無事に設置が済んだらようやく本番……にはまだ早い。計測装置の試運転だ。ここでも、出力データの単位や取得データの数に誤りがないかを念入りにチェック。データ記録用紙や装置のメモリは十分だろうか。ビデオカメラの位置、ピントや画面の明るさは、充電池は満タンだろうか……などなど。そして最後に、実験場所全体を見回して、安全確認。機器類のケーブルが床のあちこちを這っている場合、ケーブルは結束バンドでまとめておこう。脚を引っ掛けようものならその場で試合終了だ。万一の試験装置の故障に備えて緊急停止ボタンの位置も忘れずに。ヘルメット、手袋、マスク、ゴーグルなどの保護具は亀裂や破れのないものを用意しよう。

……と、ここまでが、準備である。さて準備ができたら、あとは全身を使って現象を精緻に観察する。そのデータから何かが発見できたときの喜びは、もう言葉では表せないのだ。

藤山知加子（ふじやま ちかこ） 法政大学デザイン工学部都市環境デザイン工学科准教授。1976年福岡県生まれ。1999年京都大学工学部土木工学科卒業。以降2005年まで新日本技研株式会社で橋梁設計に携わる。2006年より東京大学大学院社会基盤学専攻で修士課程、博士課程を終えて研究員。2012年より現職。得意科目／物理。苦手科目／化学。バイト経験／新聞配達、コンビニ、洋食屋厨房など。

「グループワーク」は最高のドボク鍛錬

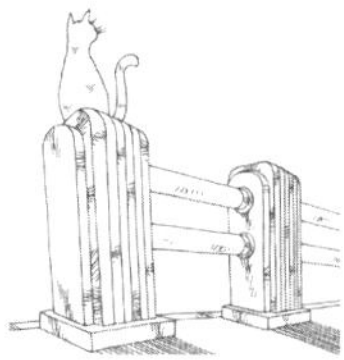

ドボクの仕事はひとりではできない。人々の生活を支え、時に大自然と戦うドボクのものづくりは、多様な専門性をもつ一人ひとりが、それぞれの能力を最大限に発揮しつつもチームとして協働し、仕事を進めていかなければならない。当然のごとく、チーム内で意思を伝達するためのコミュニケーションやグループワークの能力が求められる。もしかすると「私にはたくさんの友達がいるし、普段からグループ作業も得意」と安心している読者もいるかもしれないが、それは大間違い。同世代かつ気の合う仲間同士の団体行動と、実際のグループワークとでは、必要とされるコミュニケーションの質が違う。専門も世代も考え方も違う他者とチームを組み、限られた時間と予算のなかで、社会に貢献する土木構造物をつくりあげていかなければならない。学生のうちからアルバイト（建設関連業務ならなお良し）やインターンシップなど、とにかく普段一緒にいない人たちとの積極的なコミュニケーション、そしてできればそのなかでのグループワークの難しさを経験しておくといいだろう。

グループワークやコミュニケーションの能力を上げるには、いくつかのコツがあることも確かで、それを学べる授業はとても重要である。

まず、人の話をよく「聞く」こと。これは一番の基本。そして次に「話す」ときの〝ルール〟づくり。例えば、グループでうまく話し合いを進めるための「ブレーンストーミング」という手法がある。決して相手の意見を否定しないというルールのもとに行われる議論のことだ。創造的かつ斬新なアイデアを生み出すためには「面白くない」とか「それは無理」といった消極的な雰囲気をなくすことが重要というわけだ。

そして、コミュニケーションの内容を「見える化」することも大切である。話し合いの最中に出てきた意見を付箋紙で地図などに書き込み、話し合いのプロセスを文字や矢印で可視化する。そうすることでグループ内の意見をしっかりと共有でき、議論の後戻りや堂々巡りも未然に防いでくれる。

つまり、五感とまでは言わなくとも、グループワークやコミュニケーション能力を鍛えるには、相手の話をよく「聞き」、単に「話す」だけでなく、手を動かして「見える化」するなど、カラダ全体を使った〝表現力のトータルトレーニング〟が必要なのだ。年を取ってくると動きも堅くなる。若い感性をもつ今こそ、グループワークの力を養うのには絶好のタイミングだと思う。

柴田久（しばた ひさし）　福岡大学工学部社会デザイン工学科教授。1970年福岡県生まれ。2001年東京工業大学大学院情報環境学専攻博士課程修了。2001年筑波大学大学院講師、2005年福岡大学助教授、2009年カリフォルニア大学バークレイ校客員研究員などを経て、2014年より現職。得意科目／統計学。苦手科目／水理学。バイト経験／引越し屋、家庭教師、都市設計コンサルタントなど。

〝現場のプロ〟非常勤講師の先生と仲良くなろう

学生のうちに自分が本当にやりたいことに出会えるかどうか、というのはもしかしたら卒業のための単位をせっせと揃えることよりも大事なことかもしれない。

人生においてやりたいことに出会うためのヒントは「人」の周りに漂っているということを覚えておこう。

実際に、ただ毎日教科書を読んで授業を聞いているだけでは、自分が社会に出て何がしたいのか、何ができるのかということはなかなか見えてこない。それは身の回りの人と話をするなかで、少しずつ見えてくるものだ。だから、クラスの友人や研究室の先生、先輩、部活やサークル、バイト先の仲間など、とにかく身の回りのいろんな人と話をしよう。何より、人に話をすると自分の考えを整理することができるし、前に進むきっかけを与えてくれる。

そして、できれば身の回りからさらに一歩踏み出して、外部から来る非常勤講師の先生とも話をしてみよう。普段、実社会でバリバリ働いている彼らは、日々の実務のなかで得る専門的な知識や経験、人脈をもっている。非常勤講師の先生は、設計事務所や建設コンサルタント、ゼネコンなど皆さんが卒業して社会に出てから実際に働くことになるかもしれない、まさにその職場で働いている人が多いので、学校生活の中だけでは得られない業界情報をリアルタイムに得ることができるに違いない。意図しなければ決して出会うことのないような「人」と偶然出会えるチャンスでもあるのだ。

そういう私も、大学3年生のときに外部から来たある人の授業を受けて、今の仕事である土木のデザインに出会った。当時、土木のデザインの現場に第一線で関わっていたその人の話を聞いて「これだ！」と思った私は、土木のデザインを学びたいという思い、進路のことなどを手紙に書いて送ったのだった。手紙をきっかけに、実際に会って授業以外の話もいろいろ聞くことができたし、その人の周りのいろいろな人と知り合うこともできた。あの日の一歩のお陰で、今はやりたいことを仕事にして、充実した日々を送っている。

もし授業や実習で少しでも気になった先生がいたら、思い切ってコンタクトをとってみよう。悩んでいることや疑問、やってみたいことや自分の考え、話す内容はなんでもいい。きっとあなたと社会がつながる大切なヒントを与えてくれるはずだ。勇気をもって一歩を踏み出そう。必ずしも出会えるとは限らないけど、出会えたらラッキーである。

崎谷浩一郎（さきたに こういちろう） 有限会社eau代表。1976年佐賀県生まれ。1999年北海道大学土木工学科卒業。2001年東京大学大学院社会基盤工学専攻修了後、大手建設コンサルタントに勤務するも1年で退社。2003年土木のデザインを専門とする設計事務所eauを共同設立。得意科目／構造力学。苦手科目／計画系の科目全般。バイト経験／海苔の箱詰めなど。

ゼミ選びは先生のフィールドリサーチから

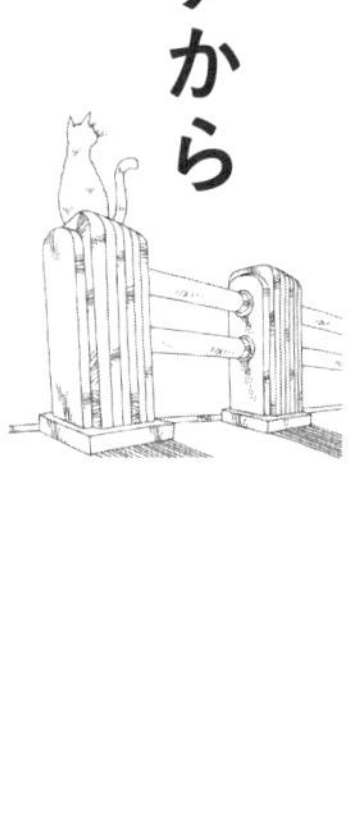

卒業研究を行うゼミ（研究室）選びは、学生生活終盤の最も大きなイベントのひとつだ。人によっては、その後の就職先だけではなく、一生を決めるような選択になる（私もそうだ）。選択の視点はさまざまで、興味のある専門分野、先生との相性、ゼミの雰囲気、同級生との兼ね合い、などだろう。もちろん、どれに重きを置くかは人それぞれだが、ここでひとつ、重要な視点を紹介しよう。それは、そのゼミの先生がどのようなフィールドをもっているかということだ。これはいわゆる専門分野と似ているようで、ちょっと違う。

例えば、交通を研究しているゼミが二つあるとしよう。ひとつは、さまざまな統計データを扱い、数学を使ったモデルによって、現象を理論的に解明しようとしているゼミ。もうひとつは、地元の自治体と組んで新しい公共交通の仕組みを構築しようとしているゼミ。この二つの研究室は、専門分野は同じだとしても活躍しているフィールドがまったく違う。前者は、国際会議などを通じて海外との交流が盛んだろうし、後者は、行政やコンサルタントなどの実務者、あるいはワークショップなどを通じた市民との交流が盛んかもしれない。この、研究の向こうでつながっている世界、これがフィールドだ。

ちょっとここで、二つの〝そもそも論〟を話したい。ドボクとは何か、そして学生であることのメリットとは何かということだ。まずドボクとは何か。一重に、現場で生じたあらゆる課題をさまざまな人と協力しながら解決することだともいえるだろう。もうひとつの、学生であることのメリットとは。それは学生という立場、研究という目的であれば、どこにでも行くことができ、だれにでも会えるということだ（もちろん、きちんとした手続きを踏むことは必要だが）。

ゼミのフィールドとは、この二つの〝そもそも〟がつながる場所なのだ。実験ばっかりしているように見えるコンクリートのゼミだって、その向こうには新たな製品の開発に挑むメーカーの人々との議論があるだろう。もちろん、人との交流だけではない。ひたすら画面と向き合ってシミュレーションをしているように見える海岸工学のゼミだって、その元となるデータは、美しい海に船を浮かべて取ってくるのだ。ゼミに入ることは、研究の向こうに広がっているそういう世界に、容易に触れ合えるパスポートを得るということだ。

ぜひ、君たちには積極的に飛び込んでいってほしい。そうすれば君のゼミ生活はとてつもなく有益で豊かなものとなるだろう。

星野裕司（ほしの ゆうじ） 熊本大学大学院自然科学研究科社会環境工学専攻准教授。1971年東京都生まれ。1994年東京大学工学部社会基盤学科卒業、1996年東京大学大学院工学系研究科社会基盤学専攻修了。1996年アプル総合計画事務所にて都市デザイン業務に携わり、1999年熊本大学工学部環境システム工学科助手。2006年より現職。得意科目／国語、物理。苦手科目／英語、確率統計。バイト経験／造園土木、家庭教師。

卒業研究って何だろう？

卒業研究は、今までのテストやレポートとはまったく違う。先生が知っていることにどれくらい近づけるかがテストなら、指導教員も知らないことを明らかにすることが研究だ。それがどんなに小さいことでも、世界でだれも知らない、〝世界で初めて〟を自分の名前で発表すること、それが卒業研究だ。

では、どうやって、そんな大それたことをやり遂げ、みんなに納得してもらうのか。二つのポイントがある。それは、研究の位置づけと方法だ。

世界初といっても、初めて研究に取り組む卒業研究で世紀の大発見を行うのはハッキリ言って不可能だ。そこでまず必要なのは、できるだけ「問題を限定」すること。ただ、いくら問題が限定されても、それが社会的に意味があることでなくてはならない。例えば、日本は世界に先駆けて、高度な高齢社会・人口減少社会に突入している。世界に目を向ければ、気候変動による大規模自然災害は頻発し、いまだ安全な水を手に入れることが困難な人々も大勢いる。世

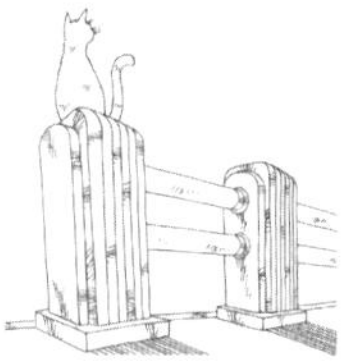

界中の先輩たちは、それらの問題に対して何をどこまで明らかにしていて、まだ何が足りないのか。自分の研究はその足りないことにどのように貢献するのか。いわば、自分の研究の役割を具体的に示すこと、これが研究の位置づけだ。

一方、提示した問題にどう取り組んでいくのか、その段取りが「研究の方法」だ。どうやってデータを収集するのか？ 整理の仕方は？ 分析するための基準となる考え方は？ などなど。もちろん、この段取りが間違っていればいつまでたっても答えに辿り着けないから重要なわけだが、それ以上の意味がある。ドボクにおける研究も科学研究の一部だが、科学では、同じ条件、同じ手続きに則れば同じ結果に至ることが重要となる（これを「再現性」という）。これを保証するのが研究の方法なのだ。理科の実験などでは、先生の言うとおりに行えばみんな同じ結果が得られるので、この再現性はわかりやすい。だが、数字や量としては把握しづらい、まちの歴史や社会の仕組みを研究するときも再現性は重要だ（理科ほど厳密には無理だとしても）。必要な資料を網羅し、適切な整理をする、その段取りが納得されてはじめて、君が提示する結論をみんなが受け入れることができるのだ。

この二つは、簡単なことではないが特殊なことでもない。もし君が、学園祭で企画を提出したい時、その企画の意味（位置づけ）と実現するための段取り（方法）をはっきりさせないと、実行委員に受け入れてもらえないだろう。それと同じだ。

星野裕司（ほしの ゆうじ） 熊本大学大学院自然科学研究科社会環境工学専攻准教授。1971 年東京都生まれ。1994 年東京大学工学部社会基盤学科卒業、1996 年東京大学大学院工学系研究科社会基盤学専攻修了。1996 年アプル総合計画事務所にて都市デザイン業務に携わり、1999 年熊本大学工学部環境システム工学科助手。2006 年より現職。得意科目／国語、物理。苦手科目／英語、確率統計。バイト経験／造園土木、家庭教師。

院試対策は〝急がば回れ〟

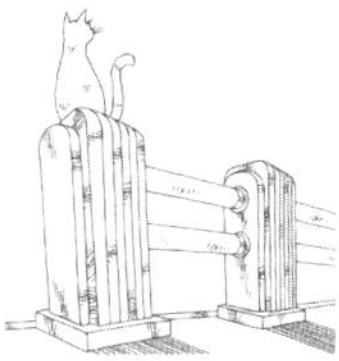

大学院に進学するための入学試験、それが院試である。試験をいつも一夜漬けで乗り切るタイプの人も、さすがに院試で一夜漬け合格はありえない。結局、一番確実な院試対策は、授業を毎回聞き、復習し、理解を重ねていくことだ。先生の説明がいまいちわからなければ、質問したり、参考書を探してみよう。また、授業を聞いてわかったつもりでも、問題を前にすると手が動かなかったりするから、問題集を探して取り組んでおこう。ちなみに私の場合はということ、もともと文系出身ということもあり、特に構造力学、地盤工学、水理学の授業は、正直言って毎回記号や数式の羅列に圧倒されていた。恥ずかしいことに受験科目のひとつを水理学に選んでから初めてまともに向き合ったのだが、なるほどそうだったのか、と納得したことも多く、院試勉強を機に自分の知見が広がり、苦手だった分野にも興味をもてるようになった。

他大学の大学院に行きたいとなると、対策の取りようがないのでは……という悩みをもつ人もいるだろう。しかし諦めるのは早い。その大学の先生が問題をつくっている以上、授業の傾向に近い問題が出る場合も多い。知り合いがその大学にいるならば連絡を取って、授業の資料や過去問を入手することをおすすめする。知り合いがいない場合は、研究室を見学するついでに、院生の先輩に勉強のポイントを聞いてみよう。役立つ資料をもらえないか交渉してみるのも手だろう。合格したあとの研究室生活をともにするメンバーと先に仲良くなっておいて損はない（学部生とは試験で競り合うことになるので、ちょっと複雑？　かもしれないが……）。

専門科目の勉強以外で準備すべきこまごましたこともある。まず面接では、大学院に進学を希望する理由、自分が興味をもっていることや、やりたい研究の内容など、基本的な志望動機については事前に説明できるようにしておいて、緊張しても話せるように友達と練習しておこう。また、ＴＯＥＦＬなどの英語の試験が課されるところもある。専門科目の方が重視されるが、ＴＯＥＦＬなどの点数で足切りされるところもある。よほど英語力に自信があって余裕な人以外はそう簡単に点数は取れないだろうから、日頃から問題集などで英語に慣れておく必要がある。特に読解は、日頃の積み重ねがものを言う。簡単な小説を英語で読んだりして楽しみながらやってみるのもいいかもしれない。

最後に、出願だけはぬかりなくやるように。当たり前だけれど最も大事なことなので、念のため……。

鍵村香澄（かぎむら かずみ）　東京大学大学院工学系研究科社会基盤学専攻修士１年（景観研究室）。1991 年東京都生まれ。2010 年東京大学教養学部文科三類に入学し、2012 年に理転する形で工学部社会基盤学科に進学。2014 年大学院入学。得意科目／景観や都市の設計演習。苦手科目／構造力学、地盤工学、水理学など。バイト経験／採点、市場調査員、設計事務所など。

奨学金で拓け！ 自立的大学院生への道

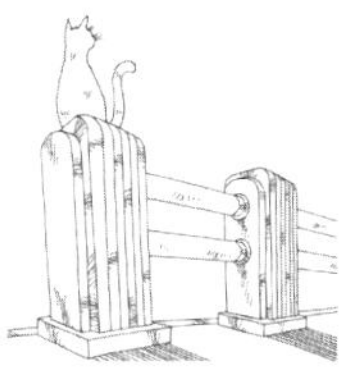

大学院に進学してみたいと思ったとき、まず気になることのひとつに「学費」がある。ドボクの大学院には一般に実験・実習に掛かる費用が計上されているから、学費は決して安くはない。その金額を知って進学をためらう人もいるだろう。学部卒で就職して早く社会人になる、家族もそれを望んでいるのではないだろうか……なんて考えはじめると、ますます進学という選択を心細く感じるかもしれない。

そんなときは、アルバイト求人雑誌を見るより先に、奨学金を調べてみよう。奨学金には将来返さなくてもよい「給付型」と、卒業後に少しずつ返還するという約束で借りておく「貸与型」とがある。「給付型」は、やがてその人が社会に貢献する人材となることを期待して設けられたものである。遠慮はいらない。制度を活用して期待に応えられる人材になればよいのだ。また、「貸与型」の場合は君たち自身の力でそれを返すわけだが、これを選択した時点で、君たちはすでに自立した立派な大人だ。なお、「貸与型」のなかには、無利子のものもあればいくらかの利子が付くものもあるから、利子の大きさには十分注意して選択してほしい。

少し具体的な話をしよう。日本の大学で最も広く活用されているのが日本学生支援機構の奨学金だろう。どの大学にもかならず案内があるので確認しよう。次に、大学独自の奨学金制度。成績優秀者の学費の全額あるいは一部免除などさまざまなものがある。そして最後に、民間団体による奨学金。募集時期や支援金額の規模はいろいろあるので、こまめにチェックしたい。

そして、頼れるのは奨学金だけではない。もし君たちが大学院に進学したら、学部生の授業で先生の講義補助を行う「ティーチングアシスタント（ＴＡ）」というアルバイト制度を利用できる。ＴＡとして大学が学生を雇うことは、今や一般的である。ＴＡは自分の勉強の成果や技能を活用した仕事で対価を得るのだから、コンビニや飲食店でアルバイトをするよりも、はるかに効率的にお金を得ることができる。そのほか、助成金や奨励金、学会での研究発表に掛かる旅費や研究に関わる物品購入を支援する制度をもつ大学も多いので、大いに利用しよう。

就職活動時に、企業の採用担当者が挙げる大学院生の良い点は、専門的研究活動を通して知識だけでなく課題解決や任務遂行の能力を得ている点と、ＴＡなどの経験を通してコミュニケーション力やリーダーシップを学んでいる点だという。本当にそれらを身に付けられるかは入学後の君たち次第だが、大学院という進路を考えるにあたって肝心なのは、進学したいという気持ち。それさえ持ち続けていれば、きっと自立的大学院生への道も見えてくる。

藤山知加子（ふじやま ちかこ） 法政大学デザイン工学部都市環境デザイン工学科准教授。1976年福岡県生まれ。1999年京都大学工学部土木工学科卒業。以降2005年まで新日本技研株式会社で橋梁設計に携わる。2006年より東京大学大学院社会基盤学専攻で修士課程、博士課程を終えて研究員。2012年より現職。得意科目／物理。苦手科目／化学。バイト経験／新聞配達、コンビニ、洋食屋厨房など。

ＯＢ会はネットワークの宝庫

学生として、日々勉強に勤しむことは大切ではあるが、合わせてぜひ、自身の将来に関わる宝、つまり「同級生＋先輩・後輩とのつながり」を醸成してほしい。おそらく当時の私と同じで、学生時代にはピンとこないかもしれないが、彼らの存在こそ、実は大変な宝なのである。

私の出身大学はとても大きい。学部時代の同期は４００名以上いた。普段の授業は驚くほど受講生が少ないのに、定期試験となると試験会場は人であふれ「うわぁー、何これ！」と言葉が漏れてしまうほど。他方、某国立大の友人に聞けば「1学年30名かな」との回答。それゆえ人の多さに、負のイメージをもったこともあった。しかし大学卒業後、その考えは１８０度変わった。ドボクは社会基盤を支える学問であるがゆえに、分野は多岐にわたる。スーパーマンでもない限り、その広い土木の世界すべてを理解することは到底不可能だ。だが、一生懸命仕事をこなすうちに、いつしかだれもが、ある分野ではそれなりのエキスパートになっているものである。この段階になると、大学時代に知り合った人たちのネットワークが、大変役に立つ。

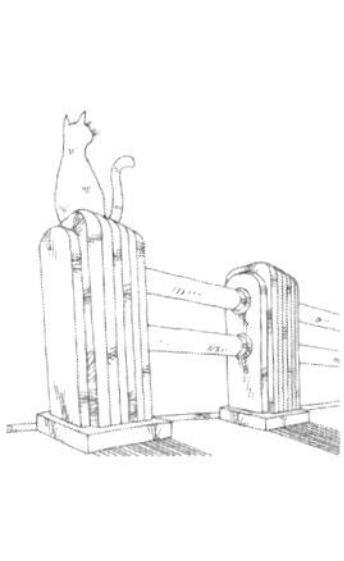

「構造ならあいつに聞け！」とか「下水の詳しい人知っている？」とのやり取りが仲間内でなされ、本人は、その分野をよく知らなくても、知識のある人を知り合いにもっていることが、その人の実力に置き換わるのだ。当然、仕事はほどほど、遊び（趣味）の実力者がいるのもまた楽しい。大学の規模によって数は変わるが、同級生や先輩・後輩は、確実に社会で活躍しているはずだ。卒業生の集合体であるＯＢ会は、私の大学の場合、全国各地にたくさん存在している。都道府県ごと、職域ごと、国ごとのＯＢ会もある。その多くが、飲み会だけの場合もあるが、それでも毎年会合を開く、その結束力はすさまじい。これは、大学の規模によらず同じだと思う。

就職活動の一環として、「ＯＢ訪問」というものを耳にしたことがあると思う。訪問されるＯＢの多くは「かわいい後輩が来た。相談に乗ろう！」と嬉しく感じるものだ。エントリーシート作成に自分だけで思い悩み、そのまま本番に臨んで失敗している人もいると聞くが、それではもったいない。自分の力が１００であっても、ＯＢの協力により、１００が２００になったりする。やはりＯＢを利用（力を借りる）しない手はないであろう。

大学は自由であるがゆえに、自分で活動しないとそういった人脈を得られないことも多い。ＯＢ＝生きた教科書、宝である。在学中からＯＢに関わらないなんて、そんなもったいないことはない。

後藤浩（ごとう ひろし） 日本大学理工学部まちづくり工学科教授。1970年千葉県生まれ。1995年日本大学大学院理工学研究科博士前期課程土木工学専攻修了。大学院修了後、日本大学理工学部土木工学科助手として奉職、現在に至る。得意科目／水理学を中心とした力学系科目。苦手科目／化学式を使わないといけない科目全般。バイト経験／塾講師、某科学雑誌の配送作業員、引越し作業員。

column

ドボクの魅力 2

心地よい水辺の風景

大阪府・中之島（photo by Takuya Omura）

古来より「水の都」と称される大阪では、川べりの空間を生かしたまちづくりが盛んである。そうしたことが可能なのは、もともと大阪の中心部に流れ込んでいた淀川を 1910 年に完成した淀川放水路へ遷《うつ》したことで、洪水のリスクが抑えられているからだ。ドボクが手掛ける治水は防災だけでなく、景観にも密接にリンクしている。（大村拓也）

3

CHAPTER

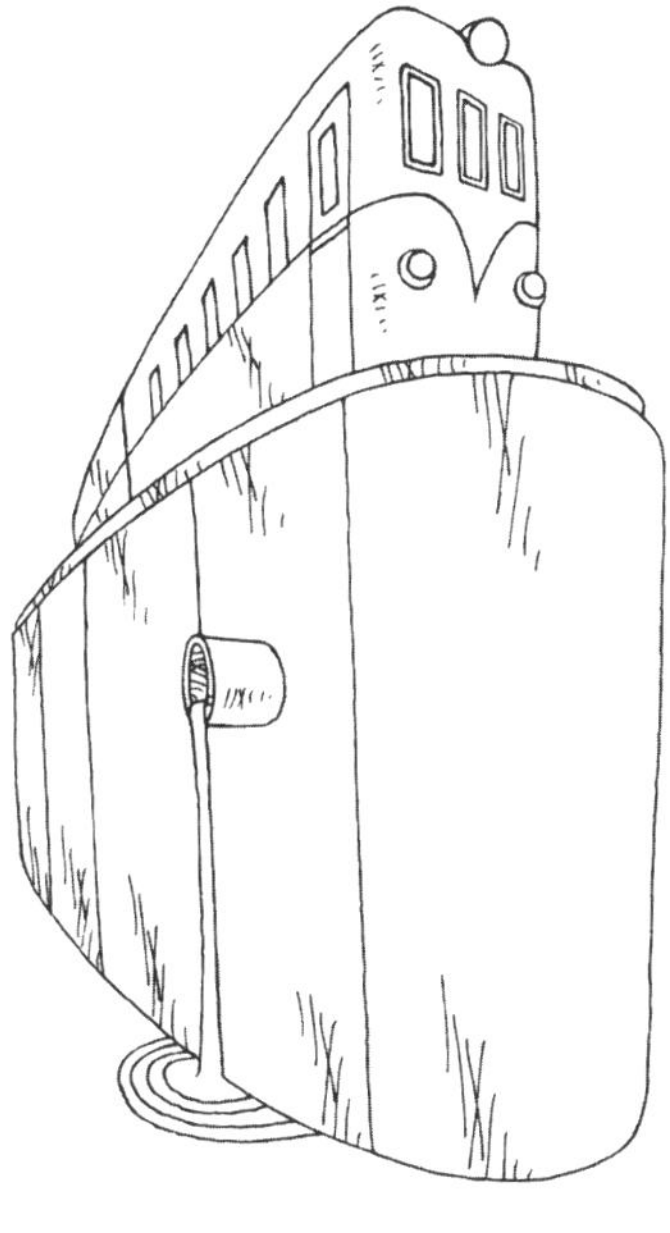

ドボク的 日常生活

ドボクの学びの場は学校だけではない。ドボク的な視点をもてば、目の前にある日常も、いつもとは違う世界に見えてくる。君たちの先輩は、サイクリングから、恋やアルバイトまで、何だって教材にしてしまうのだ。ドボクの達人たちのちょっとおかしな日常をのぞいてみれば、もう君も、こっちの世界の住人だ。(真田純子)

路線バスに乗って地域を知ろう

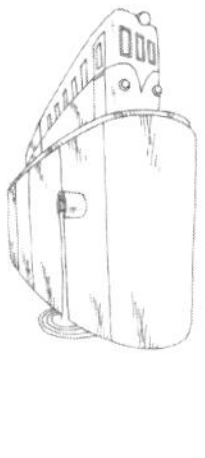

"Because it runs there." そこにバスが走っているからさ！

なぜ路線バスに乗るのが好きか？　と尋ねられれば決まってこう答えてきた。これ以外の答えは思いつかない。

路線バスは鉄道と違い、路線網が複雑でカバー範囲も広い。バスに乗る楽しさその一は、この路線を味わうことである。そのためには起点から終点まで乗り通してほしい。循環路線もあるが躊躇せず一周しよう。あらかじめ時刻表や路線図を調べて予定を立ててもよいが、遅れやすいので余裕時間をとることが必要。気になった行先のバスにいきなり乗るのも悪くない。ただし帰れなくなることがあるので明るいうちがよい。

駅から駅まで、都心から人家が途絶えるところまで。街なか、集落、田畑、森林など、さまざまな地区を縫って走る路線バス……低いエンジン音をＢＧＭに、心地よい揺れで眠くなるのを我慢して外を見よう。停留所毎に停まりながらテンポよく移り変わる車窓。クルマや自転車に乗っているよりも風景が頭に入ってくることを実感できるだろう。道路、建物、クルマ、看板、自然景観、そしてさまざまな土木構造物。これらを見ながら、時には途中下車して、まちづくりに土木がどう役に立っているか考えてみてはどうか。最近はノンステップバスが増えて視点が低くなったので、できれば高い位置の席を確保したい。

車窓のドラマだけでなく、車内にもさまざまなドラマが交錯する。バスは日本語で〝乗合自動車〟。いろんな人が乗り合わせる。その人々を観察し会話を聞き、時には参加する。これがバスに乗る楽しさその二である。特に田舎では、めずらしがられてコミュニケーションのチャンスも多い。話をすると沿線をさらに深く理解できる。そう、路線バスは地域を知るのにうってつけの乗り物である。地域を知ることは土木プロジェクトにおいて必須である。運転手さんにも運転の邪魔にならないよう注意しながら話しかけてみよう。

全国津々浦々を走っていた路線バスは近年、利用者の減少が著しく、廃止が進んでいる。超高齢社会を迎える日本で路線バス衰退は深刻な社会問題であるし、私の趣味にも差し支える!? 今、多数の土木出身者が路線バスを守ったり、それが難しい場合は別の運行方式に転換する仕事に取り組んでおり、私も参画している。ドボクの学生諸君、まずは路線バスに乗って地域を知り、収益にも貢献しよう。そしてもしバスを好きになったなら、土木技術者としてバス路線が充実した住みやすい地域を、一緒につくっていこうではないか。

加藤博和（かとう ひろかず） 名古屋大学大学院環境学研究科都市環境学専攻准教授。1970年岐阜県生まれ。1992年名古屋大学工学部土木工学科卒業。1997年同大学院工学研究科博士後期課程修了後、同助手に着任。2001年より現職。交通部門の温室効果ガス削減策を研究する傍ら、地域公共交通プロデューサーとしてバス・鉄道の立て直しに携わる。得意科目／特になし。苦手科目／体育。バイト経験／塾講師（高校数学）を8年務め、途中から社員に。

地形を感じて散歩をしよう

今、「地形散歩」が静かなブームを迎えている。その火付け役のひとりは、ご存じタモリだ。古地図片手にまちの歴史を探るTV番組「ブラタモリ」は、地形散歩ブームを巻き起こした。地形を感じて歩く面白さ、それは謎解きにある。地形に注目すると、一見混沌とした都市空間に潜む合理性や秩序を見いだすことができるのだ。

例えば日本の都市の原型ともいえる城下町。まず、防御の機能が最も重要な城は、山や丘陵の上に建ち、あるいは堀が取り囲んでいたりする。攻めに対して、地形を活かしてどう守ったかを想像してみる。また、坂や階段の多い町を、江戸時代の古地図を手がかりに歩くと、例えば高台には武家町、谷や低地に町人町というように、かつてのまちの構成に地形が大きく関わっていることがわかる。小高い場所や山辺に建つ歴史的な神社仏閣をみても、先人がどういう土地を神聖であるとみなしたかということが読み取れる。地形に注目した謎解きの面白さは尽きることがない。

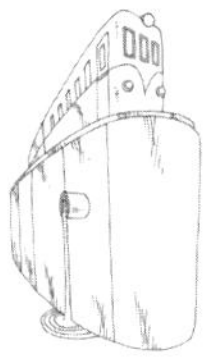

まちに限らず、農村にもその楽しみはある。溜池と用水路は江戸時代、いやそれ以前から、人が長い時間をかけて工夫と苦心を重ね、高所の水を分けて一面の田を潤すためにつくられたものだ。この水路網は、まさに地形的制約と食糧生産のせめぎ合いの結果なのである。

インフラがどのように都市に挿入されたかを見ても面白い。海岸や川沿いをしばしば走る鉄道。地図の上では曲がりくねって非効率にみえる。しかしその路線形状も、地形に着目すればなるほどと納得することがある。鉄道は急な上り下りができないため（例えば東海道本線の最急勾配は1000分の10）、等高線に沿って線路がつくられているのだ。さらに制約が厳しいのが運河だ。車や鉄道が発明される以前、荷物の運搬は主として舟運によった。東京や大阪などには運河が縦横に走っていた。運河は水路の緩やかな勾配を利用するものだが、どうしても水位差が生じる場所には水のエレベーターである「閘門《こうもん》」などの装置が設けられている。

地形の変化があれば、鉄道や道路には橋が架けられ、運河には閘門などが設けられ、見どころとなる。

そして地形散歩のもうひとつの楽しみ、それはそこにしかない地形が織り成す魅力的な風景との出会いだ。高低差や階段などに特徴づけられる変化に富んだ空間は、知的好奇心と美的感性を同時に刺激する。歩きながら、ふと出会う思いがけない風景に魅せられるたびに、地形への興味は深まるばかりなのである。

山口敬太（やまぐちけいた）　京都大学大学院社会基盤工学専攻助教。専門は都市史、景観デザイン。1980年兵庫県生まれ。2004年京都大学工学部地球工学科卒業。趣味はまちあるき。20代前半までに世界各地をめぐり、フランスの鷲の巣村やイタリアの山岳都市、中国の水郷古鎮、バリ島の農村などに大きな影響を受けた。得意科目／数学。苦手科目／国語。バイト経験／カフェ、建築設計事務所など。

スマホもいいけど紙の地図

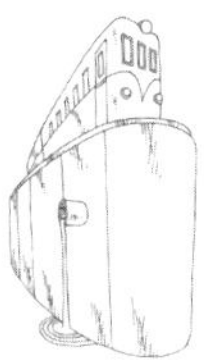

　近年、Googleマップなどのデジタル地図がずいぶん身近な存在になった。道に迷ったらサッとスマホを取り出し、目的地までのナビをお願いする……なんてことも日常茶飯事だ。しかしやはり、昔ながらの紙の地図、特に「地形図」と呼ばれるものにはデジタル地図では得がたい魅力がある。ここでは、ドボクを学び楽しむ者ならではの紙の地図の三つの魅力を紹介しよう。

　第一に、地形や自然条件に関する情報が充実していること。細かな等高線や標高、植生を読むことに慣れてくると、これらの情報を元に、その土地にどのような風景が広がり、今後どのような災害（水害、斜面災害、地盤沈下など）が起こりやすいかなどをある程度予測できるようになる。

　第二に、紙面が大きいこと。地図を眺めることは、はるか上空を飛ぶ鳥の目線で土地を観察することである。紙の地図で一度に眺められる範囲は、スマホの小さな画面で表示した地図とは比べものにならない。ドボクが扱う対象は、数m単位の敷地から数十kmにまたがる都市圏、さらには国土まで、さまざまなスケールで展開する。例えば農地を潤す水のネットワークは、「河川網」という自然の大きな系と、そこから水をとって周辺の田畑に配分する「水路網」という細かい系がいくつも組み合わさってできている。その壮大なスケールと、人体に血液を送る循環器系のような緻密さに、思わずうっとりしてしまうだろう。これらを把握するためには、一枚ものの大判地図で広範囲を一度に、かつ細かく眺めるのがよい。

第三に、書き込めること。自分の興味関心に沿ったオリジナル地図が手軽に作成できる。河川や水路をなぞり田畑に色を塗れば、その地域を支える水のネットワークが浮かびあがってくるだろう。その他にも散歩中に気になった風景を地図で確認し、その場で特徴を書き込んでいけば、その地域の風景を支えるドボクの仕事が見えてくるかもしれない。

ぜひ紙の地図を手にしてこれらの魅力を実感してほしい。おすすめの地図はやはり、国土地理院発行『１／２５０００地形図』だ。日本全国をカバーしている最も高精度な地形図であり、数百ｍに及ぶ大地形を読むのに適している。都市計画区域ならば市町村発行の『１／２５００地形図』。建物の概形などまで細かく読み取れる。前者は大型書店、後者は役所などで、それぞれ数百円程度で購入できる。地域の図書館や資料館には所蔵地図の一部をコピーできるサービスもあるので、活用してみよう。

林倫子（はやし みちこ） 立命館大学理工学部都市システム工学科助教。1982年兵庫県生まれ。2005年京都大学工学部地球工学科卒業、2010年同大学大学院工学研究科博士後期課程修了。得意科目／音楽、美術、国語。苦手科目／構造力学、材料学、英語。バイト経験／塾講師、家庭教師、土産物店売り子、神社の巫女さん。

昔の地図で時間旅行

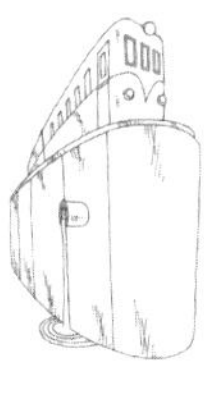

　土木の仕事は「建設」すること、つまり土地に何かを新しく造ることである。しかし何もないまっさらな土地に何かを造るわけではないので、正確に言えば、もともとの環境に手を加え「改変」していく作業である。つまり、私たちの目の前に広がる市街地、農地、山林、水辺などのさまざまな風景は、今となっては名前もわからない無数の先人たちが長い歴史のなかで、自然が創りあげた土地を相手に、土木の仕事を積み重ねてきた結果なのだ。
　このような土地の歴史は、ドボクの人間にとって非常に有用な情報だ。土地本来の地形や自然条件がわかれば、その土地がどのような災害に見舞われやすいか、建設時は何に注意をすればよいのかを知ることができる。また、現代のまちの魅力と問題点の起源を知ることもできるので、地域計画を考えるときにも役に立つ。
　面白そうだと思ったら、まずは昔の地図を入手してみよう。明治以降、近代測量によってつくられた地図は、Ｗｅｂで一部公開されているものもある。また、各地域の図書館にも所蔵されているので閲覧や複写が可能だ。地図記号が若干異なるものの、現代の地図と似ていて読みやすいので、なるべく年代の古いものから順番に眺めてみよう。土地の歴史をなぞる「時間旅行」を手軽に楽しむことができる。

ためしに、海岸沿いを見てみよう。山がちな国土をもつ日本が、近代以降どれだけ海を埋め立て、あるいは干拓して平地を確保し、国を発展させてきたのかがよくわかる。埋め立て地とそうでない土地はつながっているが、道路の線形や土地利用が異なるので、現地を注意深く歩くと雰囲気の差が感じられる。また、埋め立て地は標高が低く、地震発生時には地盤沈下や液状化が起こりやすい。東日本大震災でも多くの被害を受けてしまった。しかし、関東大震災の瓦礫を埋め立てて造られた横浜の山下公園のように、海の景色を楽しめる魅力的な都市施設や、国際的に活躍する港湾も多い。その他にも、河川や溜池だったところが埋め立てられさまざまな施設となり利用されているので、地図を辿って確認してみよう。

このように、昔の地図は、現代のまちがどのような歴史の積み重ねによって生まれたのかを教えてくれる。さらに時代を遡って、江戸時代のまちの様子などを調べたくなったら、地域の歴史資料館に相談して古地図を探そう。慣れるまでは少々読みづらいかもしれないが、「絵図」という絵画風の地図などは眺めて楽しいものでもあるので、ぜひ挑戦してみてほしい。

林倫子（はやし みちこ） 立命館大学理工学部都市システム工学科助教。1982年兵庫県生まれ。2005年京都大学工学部地球工学科卒業、2010年同大学大学院工学研究科博士後期課程修了。得意科目／音楽、美術、国語。苦手科目／構造力学、材料学、英語。バイト経験／塾講師、家庭教師、土産物店売り子、神社の巫女さん。

自転車で走ると見えてくる地域の個性

自転車が楽しい。種類はいろいろあるが、私はもっぱら田舎や山道を走るマウンテンバイク乗りだ。舗装路を風のように駆け抜ける人とは話が合わないかもしれない。

自転車に乗る前日の夜はいつも、等高線が模様みたいに見える縮尺１／２５０００の地形図をじっくり見て、できるだけ大きな道路を避けて、裏道や集落をつなぐ細い道を蛍光マーカーでなぞっておく。そいつをＡ４のジップロックに入れて、物干し竿用の洗濯バサミでハンドルバーに留める。登山で使うコンパスや軽く画質が良いカメラがあるとなお良い。地図が縮尺１／２５０００だから４㎝で１㎞だ。歩けば20分の距離を自転車なら５分で移動できる。

歩くと身の回りのものがじっくり見えるが、丸３時間歩き続けても地図上で直径10㎝くらいの範囲しか回れない。暮らしの息づかいや花の美しさはよくわかっても、周りを囲む山、河との関係は掴めない。一方、車で３時間走ればＡ１用紙くらいの範囲は動き回れる。だが地域の姿は抽象的で大掴みにしかわからず、土地の傾斜に無頓着だ。すれ違う人と挨拶もできない。

車で走る限り、その土地では通過者でありよそ者だ。

自転車はその辺りの塩梅《あんばい》がちょうどいい。その土地の人々と暮らしに対して、自分を遮るものは何もない。黒っぽいサングラスよりも、透明なレンズ越しに相手と笑顔で挨拶を交わせるほうがスマートだ。農業や林業や牧畜業など土地利用の違いによる固有のにおい、自転車はその変化も遮らない。そして自転車の得意技はなんといっても、〝STOP&GO〟のメリハリだ。すいすい走ってふっと停まって、写真を撮ったり言葉を交わしたりして、また走り出す。風景のなかで「おお、あそこまで行ってみよう」と感じた場所に、キモチ良く簡単に辿り着ける。少し汗はかくけど。

自転車で走ると地形がわかる。実は歩くよりも「今、道が登ってるか下ってるか」という機微がずっとよくわかる。客観的距離でなく生活者の距離感がわかる。自然や生活の環境を数値で理解することと同じくらい、君自身の身体を通して実感することが大切だ。

講義と実験に疲れたなら、自転車に乗ってみよう。電動アシスト自転車でもかまわない。自転車は、車を使えない貧乏な学生の悲しい移動ツールじゃなく、見落としてしまいそうな土地の個性と暮らしの歴史を、直に君に伝えてくれる優秀なインターフェイスだ。

自転車に乗ろう。10年経ったら、君のドボクの仕事と嫌でも繋がる。それを活かすかどうかは君次第なのだけど。

仲間浩一（なかま こういち） 個人事業主／屋号「トレイルバックス」。日本マウンテンバイク協会公認Ｂ級インストラクター。1963年福岡県生まれ。1986年東京工業大学社会工学科卒業。1988～89年フランス政府給費留学生（パリ第4大学地理学研究所）。1992年東京工業大学助手、1995年九州工業大学助教授（その後准教授）、2007年同大教授、2012年早期退職。得意科目／国土計画。苦手科目／フランス語。バイト経験／情報系および計画系コンサルタント（どちらも小規模）。

気がつけばドボク的ドライブ

大学の研究室や土木分野のグループで旅行に行くと、先々でやたらと物を叩いて材質を確かめてみたり、裏や下から覗き込んで構造を知ろうとしたりと、明らかに他の観光客とは違う怪しい行動を皆集団でやっていて、ふと我に返って笑ってしまうことがあるのだが、同じようなことが自動車の運転でもある。

ドライブ旅行であれば美しい景色や、沿道の小綺麗な店舗、または同乗する家族や恋人を意識しながら運転しているのが普通だと思うが、私の場合は意識が違うところに向いていることがある。ここではそのうちの三つを紹介する。

まず、タイヤが発生するノイズの違いが気になる。走行騒音を低減することや雨天時のスリップ事故を防止することを目的とした舗装の区間に入ると、一般の舗装に比べてタイヤのノイズがはっきりと小さくなる。まずそれだけで舗装が異なるであろうことの証拠としては十分なのであるが、さらに雨天時は、路面が同じ場所で「光沢」から「つや消し」に変化することを

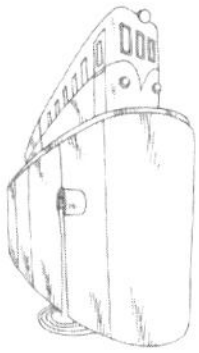

確認してしまう。降った雨が表面に溜まらずに内部へ浸透し、タイヤと路面の間に事故の原因となる水の膜ができるのを防ぐようにつくられているためである。

次は、橋を渡る前後で聞こえる「タンタン」という音。この音が大きくなると、冬の訪れを感じる。一般的な橋には、温度による伸縮に対応するため端部に鋼鉄製の伸縮装置がある。前後のタイヤがそこを踏み越える時にこの連続音が生じるのだが、冬場は橋が縮んで隙間が大きくなるので、音も大きくなるのだ。

最後は、特に自動車専用道路や高架橋で、道路の両側に設けられたコンクリート製の壁高欄《かべこうらん》の上面に出ているボルトの頭である。これを見ると、周囲の田園風景が街へと変化していくようすが思い浮かぶ。これらは、防音壁や照明が必要になった時のことを考慮してあらかじめ埋め込まれたもので、将来この沿道に住宅が建つ可能性を示しているのである。このように、無意識のうちにドボクに耳を澄まし、季節を感じ、目に見えない未来のまちを妄想してしまうのが、ドボク的ドライブだ。

大学に入学したら運転免許を取って、ともかく車で出かけよう。最初は、徒歩や自転車で見ていた風景とは違うと感じるはずである。そしてある時ふと、私のように、ドボク的ドライブをしている自分に気づく日が来るだろう。そうしたら、あなたはもうこちら側の人だ。

石井信行（いしい のぶゆき） 山梨大学大学院総合研究部工学域准教授。1961年長崎県生まれ、東京都出身。1985年東京工業大学土木工学科卒業、IHIに入社し橋梁設計に従事。在職中に米国バージニア工科大学ランドスケープ学科修士課程に留学。帰国後、1994年に東京大学助手に転職し、1998年より山梨大学に勤務。得意科目／構造工学。苦手科目／水理学。バイト経験／家庭教師・塾講師。

川遊びで体感する水理と環境

私は川が好きで、小さいころからよく川で遊んでいた。そのなかで、流れが速いところは歩きにくい、緩やかなところには泥が多くたまっているなどということを知った。その経験や知識はドボク学科に入ってからも、水理学の数式などを直感的に理解する際に大きく役立った。皆さんも、まずは川に行って水の流れを体験してほしい。例えば、流れる水の幅が5m以内程度の川だと、水の流れを比較的安全に体験できる。自然度が高い川だとさらに多様な流れが存在するので、なおよいだろう。水の中に足を踏み入れると、流れが速い場所では、足をすくわれそうになるほどの強い力を受ける。この力を水理学では流体力（例えば抗力や揚流力などが含まれる）という。これらは、川の勾配が急で水深が大きい場所ではより大きくなる。また、踏み入れた足が水面と触れ合う部分に目を向けると、足の上流側だけ、周囲に比べて水面が高くなることを確認できると思う。流れていた水が足にぶつかり、運動エネルギーが位置エネルギーに置き換わるためだ。水理学とは、このような水の流れを力学的に説明する学問なのだ。

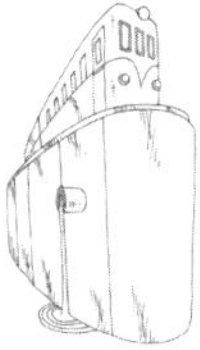

次に、川の中に目を向けてみる。底にある石や砂などは、常に流れの影響を受けている。例えば、掃流力の大きい場所では、小さな砂などはとどまることができず相対的に大きな石が多くみられる。逆に掃流力の小さい場所には細かい砂や泥が多く堆積する。このように水の流れの作用によって、川の中には多様な環境が形成される。それらの違いは、景観の変化としても表れる。写真は瀬や淵、よどみなど多様な水の流れが存在する川の風景だ。瀬は水深が浅く流速が速い流れで、水面も波打っている。淵は水深が深く瀬の下流や川が曲がった箇所などによく見られる。よどみは流速がなく水深も浅い場合が多い。これらは、河川環境の用語で〝ハビタット〟と呼ばれ、ハビタットが異なると生息する生物も異なってくる。多様なハビタットを保全あるいは再生することは、多様な生物の生息場を守るということであり、河川管理においても非常に重要である。これらは文章を読んだり、講義を聴いたりするだけで理解できるものではない。ぜひ川に行って水の流れを体感し、できればタモ網などを使って生物採集も行ってほしい。そして、どういう流れにどういう生き物がいるかを観察し、水の流れと生物の関係性についても理解を深めてほしい。

多様な水の流れがある川の風景

林博徳（はやし ひろのり） 九州大学大学院工学研究院環境社会部門助教。1979年福岡県生まれ。2004年九州大学大学院工学府物質プロセス工学専攻（材料工学）修了の後、土木を志し、同大学院工学府都市環境システム工学専攻（土木景観研究室）を受験し入学。2006年同上修了。建設コンサルタント勤務を経て、大学に戻り学位取得（河川工学）の後、現職。川や生物が大好き。かつての得意科目／土質力学。苦手科目／水理学。バイト経験／家庭教師、飲食店など。

サーフィンで体感する波のエネルギー

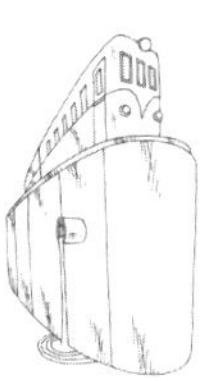

ドボク分野の科目には、波や海浜の変動を扱う「海岸工学」をはじめ、水や空気の流体の挙動を体系づけた「流体力学」、水の流れに関する力学を対象とした「水理学」など、水がらみの授業がある。難しそうな理論や数式が立ちはだかるが、水のダイナミックなエネルギーを全身で体感していくことで次第に興味関心が高まっていく。私の場合、それはサーフィンだ。

例えば私の一週間は、天気図を眺めて休日のグッドウェーブが訪れるポイントの予測から始まる。まず、ネットで人気の波情報サイトで紹介される場所は混雑しやすいので避けたいところである。となれば、自然を読み取るドボク的洞察力を活かすのだ。授業で学んだ波の条件(ウネリの大きさ・向き、風向、潮位など)を分析し、リラックスできるビーチを見極める。そして週末、ビーチに着いたらしばらく波の高さを観察する。気象庁などが発表する波高《はこう》は授業で学ぶ「有義波《ゆうぎは》」、つまり観測データ群の平均値でしかないから、現地ではそれよりも大きな波が生じないか、注意が必要だ。さらに重要なのが「離岸流《りがんりゅう》」の発見だ。この局所的に発生する沖方向の強い海流は海岸事故の一因にもなるが、サーフィンの場合、この流れに乗るとサーフポイントまで迅速かつ楽に到達できる武器となる。ところでサーフィンは、沖合で発生するウネリが浅場に到達してから砕波《さいは》となるまでの波速やエネルギーをいかに活用するかに尽きる。学問的には浅場の波を「浅海波《せんかいは》」と呼び、$C=\sqrt{gh}$（C：波速、g：重力加速度、h：水深）で表すので、水深が浅いほど波速も減衰することがわかる。つまり、遠浅の海岸であれば、波の速度が緩やかな分、初心者でも沖合から容易に波を獲得できるというわけだ。そして、波は水深が波長の半分より浅くなると海底の影響を受け、波高が増大する一方で波長は短くなるので、次第に尖った波峰《はほう》ができる（浅水変形）。サーフィンでは、このあたりでパドリングを始め、波峰の増大に伴い加速感を得たら立ちあがり一気に滑降する。続けて波面が広がる方向にターンを行い、砕波しかけた波峰めがけてボードを当てた後、砕波にボードを乗せて着水させる。岸辺で波が崩れ空中に跳ねあげられたボードと自分が一体となって宙に舞うその瞬間は、砕波の圧倒的な力を感じうる格別なドボク体験だ。ドボクの学びの場は教室のみならず、自然界の実体験もまた大切なのだ。

波のエネルギーを全身で満喫する格別なひと時

岡田智秀（おかだ ともひで） 日本大学理工学部まちづくり工学科教授。1967年東京都生まれ。1996年日本大学大学院海洋建築工学専攻修了。1998年より日本大学理工学部助手、専任講師（途中、米国ハワイ州立大学海洋・地球科学研究所研究員）、准教授を経て現職。得意科目／プロジェクト演習。苦手科目／コンピュータプログラミング。バイト経験／家庭教師を複数件受け持ち、毎年の節約生活により毎春休み1カ月近くハワイでサーフィンライフに浸る学生時代。

ゲレンデにあふれるドボク感覚

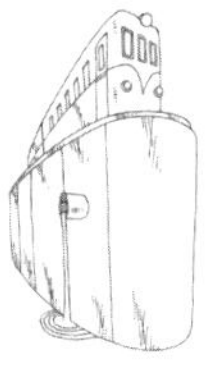

スキーの醍醐味は大自然のなかを風のように滑りぬけることである。経験のある人なら、さっそうと斜面を滑る自分を想像する人も多いだろうし、誰もが上手くなりたいと思うだろう。山頂に着いたら、自分の立っているスキー場を少しだけドボク的に観察することをおすすめする。スキー場を一望できる位置から見ると、さまざまなコースが目に飛び込んでくる。そこにはリフトやゴンドラがあり、コースの間には木々があることに気がつくはずである。

スキーはもちろん娯楽のひとつであるが、土木を目指すからには少し視点を変えて、スキー場を創ることを考えてみよう。場所選定や、コースの造成方法、ゴンドラやリフトの配置などさまざまなことが頭に思い浮かぶだろう。当然、場所を選定する際は、雪さえあればどこでもよいわけではない。滑りやすい斜面が長く続く場所や、観光地としての利用を考えるとアクセス道路も必要となる。それに、スキー場はひとつの施設ではあるけれど、もともとの「山」という側面も忘れてはいけない。貴重な動植物の保護に必要な数多くの法律を守ることも重要である。例えば、国立公園内であれば70％以上の保存緑地を残すといった具合だ。そんな視点で目の前のコースを見てほしい。周囲の山や斜面と見比べると、今そこにあるメインゲレンデこそが最も理にかなったコースのはずである。

　上手に滑る方法もドボク的な感覚が役に立つ。スキーの場合、山を登って蓄えた位置エネルギーを効率よく運動エネルギーに変換することが重要で、力学的エネルギー保存の法則が成り立つことに気がつく。競技スキーで速く滑る方法は〝ターンの時にスキー板をずらさないこと〟である。理想としてはスキーの板で雪面に1本の曲線を描く方法であり、数年前から主流になった、「カービングスキー」もその目的で開発されたものである。実際は、次の旗門までに曲がりきれず、スキー板をずらして速度が落ちることが多いのだが……。

　基礎スキーの場合はきれいに滑ることを目指して練習するが、同じ速度で滑ることを意識した方が自然ときれいに滑れるし、へっぴり腰にもならなくて済む。速度が上がってきたら雪を舞いあげるようなターンをしてみよう。滑り降りるとともに増加する運動エネルギーの分だけ、雪を動かしてエネルギーを消費しようというわけだ。おのずと力学的エネルギー保存の法則が当てはまり、同じ速度できれいに滑れるはずである。

　まずはスキー場に行ってみよう。ドボク的感覚を少しもつだけでいつもより上手く滑ることができるはず。ぜひ一度お試しあれ。

伊藤達也（いとう たつや）　株式会社熊谷組勤務。1972年東京都生まれ。1997年日本大学大学院理工学研究科土木工学専攻修了。1997年に熊谷組入社。得意科目／土壌環境工学、水理学、物理学。苦手科目／歴史、地理。バイト経験／テーマパーク、スキー場のペンション。

恋をして、まちに出よう

　恋をしているときの自分を考えてみよう。ふとした時に相手のことを想っているなんてことは、少なからずだれもが経験していることではないだろうか。好きな人ができれば、その人の好みを知りたいと思うのは当然であるし、自分を磨きたいと思うのも、人間の性である。そして何より、その人と一緒に過ごす時間のことを考える。

　二人で公園を散歩してみたり、テイクアウトしたコーヒーを持って水辺でくつろいでみたり。休日には遠出もしてみたい。もちろん、日常のほんの些細なことでも、二人ならば幸せな時間になるに違いない。好きな人やパートナーがいるだけで、幸せな時間のレパートリーが増える。考え方の幅も広がる。

　いつも使っている道さえ、相手がいれば違った風景に見えることがある。ひとりならただ便利さを求めるだけかもしれないが、相手がいれば、歩きたい道だって変わる。行ってみたいと思う場所だって変わってくるはずだ。雰囲気の良い場所、ゆっくり会話のできる場所、そんな

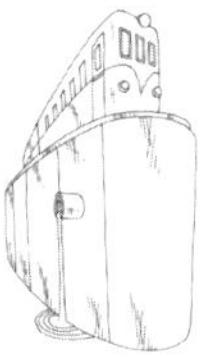

場所を求めるだろう。それはつまり、自分が良いと思うよりも先に、相手の気持ちになって〝良い場所〟を考えるようになるということだ。あんな風景なら良いと思ってくれるだろうか、こんな場所に連れて行ったら喜ぶだろうか、というように。好きな人と楽しい時間を過ごしたいと思うと、自然と相手の喜ぶことを考えてしまうのだ。

このような、場所を利用する「人の気持ち」や場所の「持つ力」を考える経験が、土木学生にとっては勉強になる。誰かが喜んでくれる時間、さまざまな人たちが幸せになれる場所をつくるのがドボクの仕事と言っても過言ではない。そのためには、自分が良いと思うだけではだめだ。相手の立場に立って考えることが必須である。恋はまさにその連続である。恋してデートすることが勉強につながるなんて、ドボク学生は恵まれている。

目的地までなかなか辿り着けなかったり、突然雨が降ってきたりと、思い描いたプランどおりにはいかないこともあるだろうが、そのような経験こそ、土木という公共の構造物を相手にする私たちにとって、とても役に立つのだ。

恋をして、まちに出かけよう。きっとたくさんのヒントが散らばっているはずだ。そのときに大切なことは、相手のことを真剣に心の底から想うこと。そうすれば、見るものが変わる。求める空間が変わる。

馬場睦（ばば むつみ） 国士舘大学大学院工学研究科建設工学専攻修士 2 年（景観研究室）。1990 年福岡県生まれ。2013 年国士舘大学理工学部理工学科卒業。得意科目／特になし。苦手科目／流体力学など。バイト経験／塾講師、設計事務所、建設コンサルタント、イタリアンレストラン、居酒屋、バー、日雇い労働。

〝ドボクじゃない〟人と話をしよう

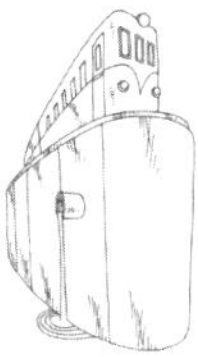

私には、分子生物学を専攻している双子の弟がいる。
ある時、それぞれの専攻分野で取り扱う空間の大きさについて話をしたことがある。その会話のなかでふと、核酸や微生物など極小規模のスケールを扱う分子生物学に対して、ダムや河川など大規模なスケールを扱うのが土木工学であることに気づいた。
それ以降、まちを歩けば電気・水道・道路・電車、はたまた都市そのものも土木工学の領域であると意識できるようになった。今は当然と思えることでも、当時はまだ学部生で土木の勉強を始めたばかりの私にとって、これは大きな発見であった。他分野の視点を知ることがなければ、日常生活のなかに当たり前のように溶け込んでいるドボクを、意識的に感じることは難しかっただろう。ひっそりと、そして当然のように社会を支える分野。その技術と伝統を紡ぎ発展させるために、今私は勉強しているのか。そう気づいたとき、ドボクをとても誇らしく感じたことを記憶している。

もうひとつ印象的だったことがある。大学院生になり、初めての海外発表でスウェーデンを訪れた時のこと。研究発表を終え、安堵と至福のランチタイムにおいて、同じテーブルで食事をしていたスウェーデンの経済学者から、都市の経済について意見を求められた。ドボクと経済が密接に関わっていることは当然ながら認識しており、わずかだが意見もあった。しかし、苦手な英語を駆使して他分野の学者と議論する気概をもたず、分野が異なることを理由に意見を述べなかった。すると「分野と文化が異なるからこそ、私は君とコラボレーションしたい」と言われたのだ。

翌日、〝文化の異なる〟スウェーデンのまちを、ドボクの視点で観察した。街路の幅員や路面の材料、市街地の傾斜や区画など、独自の文化と自然環境に適した整備がなされていることに気づき、嬉々としてまちを歩いている自分がいた。なかでも、まちに必ず存在する広場が面白く、オープンカフェや仮設マーケット、大芸道など、自由度の高い公共空間がそこにあった。何より、その空間が市庁舎の前に位置していることに驚いた。

ただ漫然と土木を感じるのではなく、もっと意識的でありたい。そのために、専門や文化の異なるたくさんの人々と会話をして、ドボクとは何かを考える。そうすれば、土木の技術や領域、特性をぐっと広げて考えることができる。そしてその先でこそ、多様な社会を支える土木技術者として、自覚と責任をもって未来をつくっていけるはずである。

岩本一将（いわもと かずまさ）　岐阜大学大学院地域環境デザイン研究室社会基盤工学専攻修士2年。1990年愛知県生まれ。2013年岐阜大学工学部社会基盤工学科卒業。得意科目／都市計画概論、景観デザイン。苦手科目／構造力学、コンクリート構造設計学。バイト経験／個別指導塾、書店、大学図書館。

学べるアルバイトをしてみよう

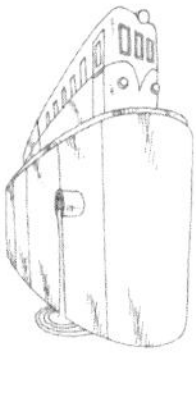

アルバイトというと、居酒屋、飲食店、スーパーやコンビニなどが一般的だ。でもせっかくドボク学科に入ったなら、専門分野でのアルバイトをおすすめする。測量やインフラの損傷調査、工事現場での補助など土木バイトもさまざまだ。それぞれに学べることは多様だから興味があればとにかく飛び込んでみるといいだろう。ドボク学生にとってこれらの土木バイトは、学校では学ぶことのできない、〝ドボクの心構え〟を体得することができる貴重な〝現場〟経験だ。そして私の場合、それは模型制作のアルバイトだった。

これまでに経験した建設コンサルタント1社、設計事務所2社でのアルバイトはすべて模型制作。もともと、大学の設計演習の授業で非常勤講師として指導してもらっていた設計事務所の方に紹介してもらって始めた。正直なところ、それまで私にとって模型とは、ただの空間試作品でしかなかった。

しかしアルバイトを始めて驚いたのは、どの会社でも模型こそが重要視されていたこと。図面よりも内部空間に自分を投影しやすく、さまざまな角度や目線から設計した空間を眺めることができ、実空間をイメージしやすいからだ。アイデア段階から必ず模型をつくり、他者への説明にも欠かせないツールとして用いられていた。

とはいえ、単にリアリティのみを追及すればいいわけではない。もちろん正確につくるのは大前提だが、模型は〝場所の質〟を伝えるツールでもある。例えば、使用する画用紙や材質によっても現れる空間の雰囲気は異なる。健康的で明るい雰囲気の場所なら鮮やかな暖色系、対して静かな夜のような場所なら寒色系、というように。こうした経験から、場の雰囲気や使われ方といった、設計者の考えや思いを精一杯、相手にうまく伝えようとする気遣いが、模型制作ひとつとっても必要であると知った。

それからというもの、ドボクとは、気遣いが形として現れるものであると感じている。利用者に対して心配りをしながら、デザインをすること。担当教授からも「デザインとは相手に伝えるまでがデザインだ」とよくご指導いただいた。今では私も、設計課題では必ず試作模型をつくることから検討を始め、相手に伝えたい空間のスケールや雰囲気を模型で表現することを、真っ先に重要視するようになった。

模型制作のアルバイトを通じて、こういった気遣いのあり方を学んでみるのもドボクのいい鍛錬になるのではないだろうか。

大野健太（おおの けんた）　国士舘大学大学院工学研究科建設工学専攻修士2年（景観研究室）。1991年静岡県生まれ。2013年国士舘大学理工学部理工学科卒業。得意科目／なし。苦手科目／外国語など。バイト経験／業務用スーパー（精肉部門）、ホテルキッチンスタッフ、設計事務所、建設コンサルタント。

飲み会の幹事は積極的に

飲み会の幹事を語る前に、ドボクにおける飲み会について言及する必要がある。

大学3年時からの専門課程で土木学科に入った私がまず驚いたのは、教員と学生の間の距離が近く、両者を交えた飲み会が当たり前に、そして頻繁に開催されることである。大学に限らず、土木に携わる人は、アルコールを介したコミュニケーションを好む傾向が強い。これはもう、土木の文化ともいえる。

この傾向は、土木がチームで取り組むことを前提とする分野であることが大きいのではないだろうか。例えば大学の授業でも、多くのグループワークが課せられる。これは土木が扱う対象が自然や社会など複雑で大きいため、ひとりで何かを成し遂げるなんてことはほとんどなく、チームで取り組む必要があるからだ。チームをつくるには、単なるビジネス上の関係だけではなく、お互いにじっくり話をすることで生まれる人間的なつながりも大切である。それをつくる場として飲み会が重要な役割を担っている。とはいえ、絶対にお酒を飲まなければいけない

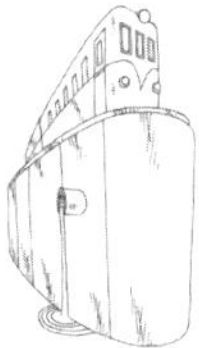

わけではない。飲めなくても、その場で一緒に会話や雰囲気を楽しむことが重要なのだ。

そして、この飲み会を取り仕切る役、いわゆる幹事が必要なのである。幹事は面倒くさいというイメージが強く、やりたがる人は決して多くない。しかしやっておいて損はない。それどころか、利点がたくさんあるのである。幹事をやる際に最も重要なのは、日程調整と、お店選びと、当日の態度である。大多数が納得する日程を選び、参加者の人数や親密度、お酒の好みに合わせてお店を決める。そして当日は、自分が率先してその場を楽しみ、お酒が行き届いているかを確認し、参加してくれた人たちに感謝の気持ちを示す。気を遣ってばかりにもみえるが、このような一連の流れを通して、その場全体を把握し、大勢の人をまとめるスキルが身に付く。一人ひとりの様子を気にかけたり、目上の方に対して誠実に接したりという、気配りの仕方を学ぶことができる。このような気配りによって、周りの人々は気持ちよくその場に参加することができる。これは、チームを円滑に動かすためにとても大切なことである。

さらに、幹事をやっていると先生や先輩に覚えてもらいやすく、話す機会を得やすいという利点もある。飲み会の場で接すると、研究室で指導を受けるのとはまた違う、もう少し距離の近いコミュニケーションをとることができ、講義とは違った学びを得られることも多い。たかが飲み会と、侮ることなかれ。飲み会の幹事は、非常に奥が深いのだ。ぜひ一度、挑戦してみることをおすすめする。

山崎明日香（やまざき あすか）　東京大学大学院工学系研究科社会基盤学専攻修士１年。1991年富山県生まれ。2014年東京大学工学部社会基盤学科卒業、同大学院入学。得意科目／演習系の講義。苦手科目／構造力学。バイト経験／塾講師、家庭教師、遊園地スタッフ、設計事務所。

ドボク学生のためのファッションアドバイス

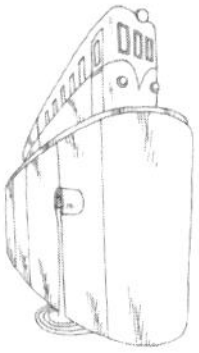

「ドボク学生のファッション」と聞くと、作業着やジャージといった地味な格好を想起する人が多いだろうが、校則に縛られた義務教育からやっと解放された大学生活、ファッションを楽しむ自由も当然ある。しかし、どこでも自分好みのお洒落をすればいいわけではない。その時々に合った服装が必要である。それならば、機能性を持った服装でファッションを楽しもう。きっと、大学生活はより充実したものとなる。

ドボク学生は実験室での実験や屋外での実習、実際の現場に行って見学をすることも多く、場面に応じた服装が求められる。実験にサンダルやヒールでは危ないし、冬の屋外実習ではマフラーと手袋は必須だ。具体的に紹介していこう。まずは教室で実習を行う時。模型をつくったりするので、多少汚れても大丈夫なラフな服装がいい。私はシャツにチノパン、スニーカーの3点セット。個人的には、必ず日本人の肌に映える青色を身に着けて楽しむ。次に、実験室での実験の時。以前、つなぎを取り入れたドボク的なお洒落を楽しむ人を見た時には思わず唸ってしまった。実験の授業は、午前中教室で講義を受けた後にあることが多いため、シャツの上からそのまま着ることができるつなぎは機能的である。実験では動きやすかったり、着替えやすかったりする服装がいい。そして、屋外の実習。ドボク学生は山や川などに現場見学に行くことがある。そのような場合には、私はウィンドブレーカーにブーツのアウトドアな服装で行く。現場は雨で滑りやすかったり、土がぬかるんでいたりすることも多いため、水に濡れない服装や、滑りにくい靴などが好まれる。おまけとして、測量の実習では派手な色の服を着ていくといい。遠くからでも自分を認知してもらえ作業効率が上がる。

　このように、着替えやすいつなぎや滑りにくいブーツなど、その場に合わせて機能性を高めつつ楽しむファッションこそ、ドボク学生のファッションの醍醐味である。そうすることで、俄然意識が高まり、実験効率やレポートの質も上がるというのが、私の経験則だ。しかし、最初はどのような服装で行くべきか自分ではなかなか判断できないもの。そんな時は、周りの人の服装をよく観察し、ドボクファッションチェックをしてみることをおすすめする。そうすることで、自分のファッションを見つめ直し、さらなるレベルアップを試みることができる。このように、試行錯誤を繰り返しながら、場面に応じた自分だけのドボクファッションを見つけて、洗練された大学生活を楽しんでほしい。

西野貴之（にしの たかゆき） 熊本大学大学院自然科学研究科社会環境工学専攻修士２年（景観デザイン研究室）。1990年宮崎県生まれ。2013年熊本大学工学部社会環境工学科卒業。研究室では公共事業の設計などに携わる。得意科目／景観工学、都市計画。苦手科目／構造力学、流体力学。バイト経験／飲食店（焼き鳥）。

ドボク屋的、映画・音楽の楽しみ方

映画の話からしよう。初めて映像の中の土木を意識したのは、大学生の時、恩師・篠原修先生の授業中だった。数多くの土木デザインを手がけてこられた先生の作品のひとつである辰巳新橋が、当時の人気ドラマで印象的に使われたことを嬉しそうに語っておられたのだ。確かに、土木構造物は往々にしてドラマや映画の舞台となる。ビルの谷間にのぞく清洲橋のシルエット。マフィアの抗争が繰り広げられるシカゴ・ユニオン駅。前衛映画での首都高ドライブシーン。ドボク屋的な知識が増えるにつれ、劇中に現れるこれらの構造物が何なのか、どこにあるのかがわかるようになり、それらが意味するものを深読みする楽しみが増える。

こうした主役級の土木構造物だけではなく、脇役の土木もある。都市や風景を見る目が肥えてくると、商店街の様子、川岸の形、道路の幅ですら意味をもって見えてくる。すると、映画を見ながら筋を追うだけ、なんてことはまずない。その土地の来歴や人々の暮らしに思いを馳せたり、はたまた地方や時代を推測したり、映画の楽しみ方はどんどん多角的になる。

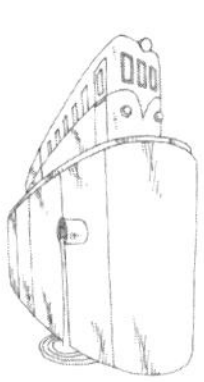

その一方で、音楽に直接土木を感じることは稀だ。わたしの二十代前半は音楽に捧げたようなものだが、ドボク屋の目線で楽しんでいたわけではない。しかし、振り返って思うのは、音楽は土地の風土の産物であるということだ。地域固有の民俗音楽はもとより、世界的に流行した音楽も、その土地に受け容れられる過程で地域性が出るのが面白い。例えば、ドイツの硬くて繊細なテクノ・ミュージックも、南米では明るくて大味なものにアレンジされていく。アメリカのソウル・ミュージックなどは、都市圏ごとに特徴が異なり、軽やかで流麗なフィリー・ソウル、絡みつくような熱気と色気のあるマイアミ・ソウル、という具合に都市名の細分類が成立しているくらいだ。その土地の自然環境、歴史、文化、人など、さまざまな地域性が音楽に溶け込んでいる。ここで土木とつながる。

土木は人々の生活の基盤をつくる仕事だ。だから当然その地の風土との親和性が求められる。音楽は、風土を理解するツールになるのだ。なぜその音楽がそこで生まれるのかを考えてみるといい。難しければ、まずはとにかくさまざまな土地の音楽に触れ、自分の耳を育てる。なにしろ音楽には人の心の最も柔らかい部分が顕れる。そこに触れる経験が、人々の喜怒哀楽に満ちたドラマの舞台をつくるドボク屋にとって、無駄になることは決してない。

極端に言えば、どんな映画や音楽にもドボクは登場する。まずはそれを楽しんでみよう。そして、次にドボク屋として、より豊かな風景や詩を生むドボクを創ることができれば最高だ。

尾崎信（おさき しん）　東京大学大学院工学系研究科社会基盤学専攻助教。1978年鳥取県生まれ。2004年東京大学大学院工学系研究科社会基盤工学専攻修了。2004年よりアトリエ74建築都市計画研究所で都市計画、景観計画、まちづくり業務に携わる。2009年より現職でキャンパス計画、震災復興支援、まちづくりプロジェクトなどに関与。得意科目／景観・設計演習。苦手科目／流体力学、構造力学など。バイト経験／飲み屋、レコード屋、引越し屋、都市計画事務所。

column

ドボクの魅力 3

ドボクの創造性

兵庫県・新名神高速道路武庫川橋工事（photo by Takuya Omura）

ドボクはデザインだけでなく、ビジネスとしてもクリエイティブな発想力が必要だ。特に公共工事の入札では、2005 年ごろから建設会社が提案したアイデアを評価する制度が採り入れられるようになった。条件が同じ橋でも、構造や素材、架設方法が全く異なる提案が競われることもある。写真の工事では、橋脚の位置から橋桁の構造に至るまで建設会社の創意工夫が全面的に盛り込まれている。（大村拓也）

4

CHAPTER

ドボク体験

ドボクの世界をもっとよく知るには、自分の目で確かめ、自分の肌で感じ、自分の頭で考え、自分の言葉で表現することが大切だ。外に出てドボク体験してみよう。そうすれば、難しげな授業の中身と現実とのつながりが少しずつ見えてくる。あなた自身がドボクを学ぶ意味や自分の将来像がさらに広がるに違いない。（福井恒明）

夏休みはドボク旅

大学院での夏の研究室旅行から、ドボクを見る目が変わった。ドボクは建築や絵画などとは異なる。日常を華やかにするものではなく、目立たないデザインが多い。学部時代には建築巡りばかりしていた私が、まさか同じことをダムや橋でするようになるとは思ってもみなかった。転機となった研究室旅行の行き先は京都に決まり、行程の詳細を私が練ることになった。先生からは「琵琶湖疏水は組み込むように」と一言。その名前すら聞いたこともなかったが、いざ現地に行って驚いた。

水路閣（水を渡すためのレンガ造りのアーチ橋）やインクライン（水力発電を利用した傾斜鉄道）などの大規模な構造物は、その起伏に富んだ地形と相まって大変ダイナミックだった。しかし同時に、周辺の豊かな植生や風化して色褪せたレンガは、ホッとするような感覚を私に与えてくれた。そして現地で当時の技術者たちの話を聞いた時、その色褪せたレンガに刻まれた歴史の深さに感銘を受けた。学部時代は建築に興味があった私にとって、ドボクの時間的、

そして空間的なスケールの大きさが初めて身に染みた体験だった。

またこの時、土木構造物と地形が一体となった空間や、風化を考慮した素材選びなどといった細部へのこだわりにも、初めて目が向くようになった。それからというものの、土木デザインが気になって事例を調べてみたり、移動先でふと目にする何気ないドボクも意識するようになった。一年後の夏休みには、「一都市一ドボク！」と決めて北海道一人旅をするほどに。函館の笹流《ささながれ》ダムの上に登ったり、旭川の旭橋の傍らで夕日を眺めたり。あの景色は一生忘れないだろう。

土木構造物を見る旅では、「履歴」という視点をもつことをオススメする。長期的な視点から建設される土木構造物。当然、その土地の特徴や当時の状況が踏まえられている。どのような使命があり、どんな苦労をして完成にこぎつけたか。少しの知識をもってその構造物の前に立ってみると、なぜだかもっと知りたくなる。時にそれは他の観光場所ともリンクして、まち全体がつながってゆく。例えば同時代に建設された施設から、今とは違うかつての理想のまちが見えてくるかもしれない。施設の「履歴」を知るたびに、まち自体の「履歴」も少しずつ広がる。私は今、それが楽しくてたまらない。そして今度は海外でも行ってみようかと考えている。次に見るドボクには、どんな「履歴」が刻まれているのだろうか。

有田昌弘（ありた まさひろ）　東京大学大学院工学系研究科社会基盤学専攻修士2年。1989年愛知県生まれ。2013年千葉大学工学部都市環境システム学科卒業後、東京大学大学院工学系研究科社会基盤学専攻に進学。得意科目／景観学。苦手科目／構造力学。バイト経験／飲食店キッチン、模型製作。

現場見学会のチャンスを逃すな

プロアマ問わず、ドボクの魅力に取り憑かれた人たちに話を聞くと、ほぼ間違いなく実際のドボク空間体験がきっかけになったことがわかる。「でかい！」「かっこいい！」「すごい！」「何これ！」「ヤバイ！」といったピュアな感情。そうした感動体験は、いつだって大切なやる気のもとになる。自分の興味を触発しつつ感性を磨くために、可能な限り「現場」を見に行こう。

「見学ツアー」への参加――最近は土木施設を見学する「ツアー」や「一般開放」の機会が増えてきている。感動体験を通じて地域や社会とドボクのつながりを理解したいという需要が掘り起こされつつあるのだ。例えば、開通直前の高速道路を歩く「ウォーキングツアー」、地域の産業を支える施設を巡る「産業観光ツアー」、山奥で人々の生活を人知れず守る〝砂防〟の技術を見て廻る「砂防ツアー」など。ダムや調整池では、点検日などに施設を一般開放する見学会が開かれることもある。実際にドボク施設を眺めながらプロからの解説を聞くと、自分たちの暮らしの成り立ちがよくわかるので、風景の見え方が一変する。こうしたツアーは開催期間が限られていることが多いので、インターネットなどを駆使してイベント情報を収集しよう。

「施工現場」の見学——土木施設をつくっている最中の「施工現場」を見る機会も外せない。ものづくりの現場は常に大きな感動体験に遭遇できるが、巨大構造物を建設する豪快さや緻密さは、まさにドボクスペクタクルである。ドボクがつくられる過程を見ると自然と愛着も生まれるので、その後の学び方の姿勢も自ずと良質なものとなる。一般に公開する機会も増えてきたが、一番の近道はプロジェクトに関係している大学の先生などに連れて行ってもらうことだ。きっと普通では味わえない体験をさせてもらえることだろう。

「日常の風景」の再鑑賞——仲間を募って、巨大ダムや長大橋梁などの大型構造物を見に行ってみよう。いつも渡っている川やどこにつながるのか知らない送電線など、線状に連なるドボク施設を辿ってみよう。電線や側溝などの、街なかにあるちょっとしたドボクに目を向け、その細部のつくりを見直してみよう。そう。私たちの身の回りは、たいていドボクの「現場」なのだ。そのことに気がつけば、日常の風景はこれまでと違って見えてくるだろう。

さまざまな「現場」を見ることを通じて、自然の摂理や社会のシステムといった風景の「その先」にあるストーリーが読み取れるようになればしめたもの。ドボクがますます楽しくなってくる。リアリティのある体験を積み重ねることによって、常に適切な判断ができるバランス感覚を磨いておきたい。

八馬智（はちま さとし）　千葉工業大学工学部デザイン科学科准教授。1969年千葉県生まれ。千葉大学で工業意匠を学び、建設コンサルタントにて橋梁のデザインなどに従事し、2004年より大学教員に。2012年より現職。土木構造物や公共空間のデザイン、都市景観、産業観光に関する研究を行っている。得意科目／地理、演習系科目。苦手科目／英語。バイト経験／電気設備の点検整備、各種チラシのデザイン、雑誌付録のアイデア出しなど。

鉄ちゃん目線でドボクを究めろ!

鉄道好きのことを〝鉄《てつ》ちゃん〟と呼ぶそうだ。ほとんどの鉄ちゃんは、車両や列車に興味があるので、あえてドボクの道へ進んで鉄ちゃんを究めようと思う人はあまりいない。しかし、ドボクは直接車両の設計には関わらないが、鉄道事業のいろいろな分野に深く関わっているので、この立場をうまく利用すれば鉄道会社に就職してからも趣味と仕事を両立することができる。

鉄ちゃんとドボク——鉄道は、百年以上にわたってその事業を続けてきたので、古い橋梁やトンネル、高架橋、駅など歴史的構造物の宝庫である。しかし、肝心の鉄道会社はその真価にほとんど気づいていないので、「これは全国的にもめずらしい構造物ですね」と指摘しても、戸惑われてしまうことが多い。鉄道の現場では、日常の業務としてごく当たり前に歴史的構造物を保守管理しているので、多くの場合は「こんな構造物はどこにでもあるだろう」「古い構造物は修繕が大変なので早く取り替えたい」といった冷ややかな反応である。

鉄ちゃん目線でドボクを見れば——しかし、鉄ちゃん目線で土木構造物を見ると、どこにでもあるような古い橋梁やトンネルがたちまち「お宝」に変身する。例えば、東京駅から新橋駅の辺りまで続いている赤煉瓦アーチの鉄道高架橋をご存じだろうか。その下は飲食街となっていて、丸の内や銀座から至近であるにもかかわらず、時代から取り残されたような空間となっている。しかし、この赤煉瓦アーチの高架橋は、百年以上前に東京駅に先立って完成した、明治時代の貴重な土木遺産で、ドイツから技術者を招いて完成させた鉄道構造物である。そうした目線で改めて見直すと、明治時代の最先端の土木技術を用いて完成させたこのアーチ高架橋の歴史的価値に気がつく。

鉄ちゃんとプロ——ただし、ドボクに進んだ鉄ちゃんが鉄道会社に就職すると、「趣味と仕事が同じでうらやましいですね」というお褒め（？）の言葉と、「趣味と仕事を混同するとはけしからん」というお叱りの言葉の両方を受けることになる。鉄道のプロなので、「趣味だから」という甘えは許されない。しかし、先述のように鉄ちゃんのこだわり目線を特技としてドボクの仕事に活かせば、鉄道会社に入ってからも一目置かれる存在になれる。ドボクは鉄道のあらゆる分野に関わっているので、さまざまな機会に鉄ちゃんの豆知識、鉄ちゃん独自のアイデア、鉄ちゃん仲間の人脈を活かすことが可能である。鉄ちゃん目線を活かしつつ、ドボクを究めることができれば、もはや最強である。

小野田滋(おのだしげる)　鉄道総合技術研究所勤務。1957年愛知県生まれ。1979年日本大学文理学部応用地学科卒業、日本国有鉄道に土木系で入社。鉄道雑誌などに執筆多数。博士（工学）、土木学会フェロー、鉄道友の会理事。得意科目／地学と生物。苦手科目／体育（女子を含むクラス全員が逆上がりできたにもかかわらず、唯一できなかった男子）。アルバイト／いろいろ経験したが、地上勤務で新幹線の車販用サンドイッチをつくっていたことも。

イベントは自分たちで起こせる

大学の座学で与えられた課題をこなすだけでなく、まずはイベントや見学会に参加して現場に行ってみよう。現場で感じた想いやそこで生まれた繋がりが次の原動力になり、自分たちで企画を考え、試行錯誤しながらイベントを起こすチャンスへと繋がっていく。

私は修士1年の時に、九州で景観を学ぶ学生のネットワーク、Kyushu Landscape League（以下、ＫＬ2）の代表を引き継ぎ、初めて自分でイベントを起こした。その時に取り組んだ「九州まちづくりプロジェクト」での〈ヨコノモノガタリ〉というワークショップを紹介したい。

各地で1次産業の跡継ぎ不足が問題になるなか、宮崎県西米良村横野地区はなぜか後継者が多い。横野ではなぜ世代交代がうまくいっているのかを探り、日本中の過疎化や限界集落問題を解決する糸口を見出すというプログラムだ。2泊3日、総勢32人が10チームに分かれ、年配者、後継者、奥さんら、それぞれに話を伺った。そのワークショップから、跡継ぎ問題の解決には、家族経営の暖かさや土地に対する想いなどが重要であることがわかった。

このイベントの、実施への原動力となったのは、研究室活動でまちづくりの現場に行った経験だ。地域の課題にいつも真剣に取り組む地元の方、行政マン、設計者、先生たちを見ていると、ただ横で眺めているだけではなく、自分にも何かできないか、学生という立場だからこそできるまちづくりをやってみたいという気持ちがふつふつと湧いてきたのだ。

自ら企画・運営をしてみてわかったことだが、イベントを起こし、成功させることはもちろん簡単なことじゃない。イベントの立案、調整、準備、実行段階でやることがたくさんあるからだ。とてもじゃないけど、ひとりの力じゃできない。でも大丈夫。イベントとは、どれだけ自分が頑張るかではなく、どれだけの人を巻き込めるかが勝負だからである。実際このイベントも、ＫＬ2メンバーと会議を何度も重ね、作業を分担して準備を進めた。役場の方をはじめ、たくさんの大人たちが相談役や資金面の支援をしてくれた。さまざまな人たちとの繋がりがあり想いを共有できたからこそ、実現したものだった。

座学ではドボクの魅力をまったく理解できなかった自分はどこにいったのかと思うくらい、社会に関心が生まれ、さまざまな立場の人たちと連携しながら解決策を思考する土木分野に可能性を感じられるようになった。イベントを起こすと、座学では絶対に学べない土木の魅力を知ることができる。そしてそこで生まれた新たな想いや繋がりが、また次の一手への原動力になると期待している。

行徳拓宏（ぎょうとくたくひろ） 九州大学工学府都市環境システム工学専攻修士2年（景観研究室）。1991年福岡県生まれ、広島県出身。2013年九州大学工学部地球環境工学科卒業。Kyushu Landscape League兼九州まちづくりプロジェクト代表。建設コンサルタンツ協会九州支部夢アイデア部会研究員。北崎シェアハウス居住中。得意科目／景観工学、河川工学。苦手科目／コンクリート工学。バイト経験／ブライダルスタッフ、建設コンサルタントなど。

セルフビルドで触れるものづくりの心

人の手による丁寧な仕事は人を惹きつける。自分たちの手でつくれば親しみが湧く。

徳島県吉野川市美郷地区の急峻な山あいに、石積みでできた集落がある。この集落には4軒の家があり、いずれも高開《たかがい》という姓を名乗ることから「高開の集落」と呼ばれる。山の細やかな地形の変化に沿って石積みが層状に積み重なり、石積みによってできた平地に家が建ち、蕎麦や菜の花などの作物や柚や芝桜などの花木が植えられている。

私が高開の石積みの存在を初めて知ったのは、大学3年生のときに受けた景観工学の授業だった。スライドで映し出された有機的にうねる石積みのラインを見て心底ぞくぞくしたことを覚えている。その夏からほぼ毎年、高開の石積みを手がける高開《たかがい》文雄《ふみお》さんの〈石積み修復ワークショップ〉に参加している。

石積みは上手に積めれば何百年も崩れないが、一度崩れてしまうと修復には余計に手間がかかる。だから、崩れそうな箇所は思い切って崩して積み直そうというのがこのワークショップだ。作業にはさまざまな知恵が詰まっている。例えば、排水性をよくするために、表に見える積み石の裏に、ぐり石と呼ばれる拳ほどの大きさの石を入れる。他にも、石が脆くならないように、石が安定するようにといった構造的な工夫から、休憩をタイミングよくとって作業を無理なく続ける工夫まで、すべて土地に受け継がれてきた合理的な知恵だ。そういった知恵を文雄さんから教わり、頭で考えつつもなんとなくこんな感じかなと身体を動かして積んでいく。毎年、崩し終えた数トンもの石の山を見ては、いったいいつ積み終わるのかと途方に暮れるのだが、十数名の仲間と作業を進めるうちにいつの間にか積み終わっている。より丈夫に、より効率的に作業を進めることに夢中になると、時間はあっという間に過ぎていく。文雄さんをはじめ、自分の手で維持していかざるをえない土地に住む人は、身の回りの環境について驚くほど詳しい。水路をつくる必要のある場所や、土の層が厚く陥没しやすい場所を知っている。機械で土質を調べなくても、長年注意深く身の回りで起こる出来事を観察し、言い伝えを守ることで、安定した生活環境を整える術をもっている。

　土木構造物は大規模になればなるほど、計算式や図面によって抽象的に把握する必要があり、実感から離れてしまいがちだ。座学だけではなく、こうしたセルフビルドのドボク体験を通してものの重さや土の柔らかさを知っていることは、ドボクに携わる者にとって不可欠だと思う。

金子玲大（かねこ れお）㈱建設技術研究所勤務。1988年京都府生まれ。2013年早稲田大学大学院創造理工学研究科修了（佐々木研究室）。得意科目／英語。苦手科目／数学。バイト経験／CD屋、個人経営の居酒屋など。

災害の現場から学ぶこと

未曾有の被害が生じた２０１１年の東日本大震災。以降も、紀伊半島大水害、伊豆大島土砂災害、広島土砂災害など、大規模な災害が後を絶たない。災害が起こったとき、ドボクを学ぶ、あるいはドボクを志すあなたは、どう行動すべきか。災害に心を痛め、何か力になれることはないかと考える人は、まず現地に足を運び、自分の目でその状況を見るとよいだろう。

なぜ災害が起こってしまったのか。地形はどうなっているか。歴史的にはどのような場所だったのか。土木構造物は防災に寄与したのか。次に災害が起こらないよう、復旧・復興はどのように行われるべきか。自分は被災者に対してどのように力になれるのか。被災の現場で目にするものは、ドボクのあらゆる要素がつまっていると言っていい。なぜ自分はドボクを学び、ドボクの何を学ぶべきか、改めて考えるよいきっかけとなるだろう。

とはいえ、現場に行く前には準備を怠ってはいけない。あなたの準備不足で現地の人に迷惑が掛かっては本末転倒だ。まずは情報収集。そもそも現地に行って大丈夫なのか。道路は開通

しているのか。食料、ガソリンなどは補給できるのか。ヘルメット、安全靴などの装備も忘れないように。現地に入る際に十分気をつけてほしいのが、被災者の心情への配慮である。被災した現場をカメラで撮るあなたを見ている被災者は、家族や友人を亡くしているかもしれない。直後の状況を振り返り「見世物じゃない」「不愉快だった」と語る被災者は少なくない。

現地で災害の状況を見た後、どう行動するかはさまざまだ。例えば災害ボランティア。受け入れ団体などを経由して個人での参加も可能だが、ボランティアサークルがある大学では、そこに参加してみるのもよいだろう。グループだと地元のＮＰＯや地域住民とのつながりが生まれやすく、災害ボランティアから地域活性化支援へと移行していくこともある。そうなれば、被災地の交流人口の増加にもつながり、継続的に地域に貢献することができる。

困っている人の力になりたいという気持ちは、ドボクを志す最も基本的な原動力である。私もその思いから被災地域への転職を決意した。一方で、災害からの復旧・復興に関することを安易に卒業論文などのテーマとして選ぶのは、あまりおすすめしない。気持ちはわかるが、資料提供などに対応するのは、復旧・復興で多忙を極める自治体職員らである。速やかな復旧・復興に支障をきたさないためにも、そうした配慮は必要だ。ただ、本気で被災地のことを考え、関わりを継続する意志のある人は、大歓迎である。

永山悟（ながやま さとる）　陸前高田市都市整備局都市計画課勤務。1984年宮崎県生まれ。2009年東京大学大学院工学系研究科社会基盤学専攻修了（景観研究室）。2009年アトリエ74建築都市計画研究所。2012年から現職。得意科目／物理、模型。苦手科目／日本語。バイト経験／居酒屋、設計事務所など。

海外ドボク体験——途上国にみるドボクの原点

「アフリカの水を飲んだものはアフリカに帰る」という言い伝えがある。私は30年前にサハラ砂漠を自転車で縦断したので、現地の水を飲みすぎたのか、もう70回近くアフリカに通っている。青い空と白い雲、赤い大地と緑の森、屈託のない笑顔、貧しくてもお互いが協力して前向きに生きようとする人々、それらをまた見たくて、訪れ続けている。空港に降り立つと、独特のアフリカの匂いと風を感じることができる。

アフリカの途上国に行くと、驚く程ドボクが必要とされ、ドボクを操れる人は尊敬される。なぜなら、電気も水道もガスもない生活をしている人々が多く、豊かに安全に暮らすための基本的な構造物が不足しているからである。自然災害で被害を受ける場合も多い。訪ねた村で、ここは江戸時代かと感じたことが何度もある。私は住民とともに、雨季にぬかるんで車が通れなくなる道を、雨水を防ぐ土のう袋を地面にならべ修復する人力工事を、もう10年近く続けている。簡単な技術であるが住民が理解しやすいので、ドボク技術者として大変感謝される。日本では考えられないが、ぬかるんだ道では車が走れないので、市場や病院や学校に行けず、生活に大きく支障をきたすのだ。彼らの対処法は車から降りて押すことであった。

ドボクの原点は「人々の暮らしを守り豊かにすること」である。そして、ドボク技術者たるもの、現場に実際出かけて行き、物事を観察し、自然条件や気象条件また地盤条件を見据えて構造物をつくる。私の経験から、途上国で活動するために何が必要かというと、何でも食べられ、だれとでも話せ、どこでも寝られることだと思う。自然や人の懐に入り、相手の文化や習慣を理解して相撲を取らねばならない。

不合理なルール、インチキな輩の存在や治安の悪さで、何度か苦々しい思いをするだろう。お人好しの日本人は、口約束で仕事をしてしまうが、外国では通用しない。きちんとお互いが納得し文章として残す必要がある。「そんなことは言っていない」と、問題が起こってから平気で言われる。手が滑って自分で落としたコップに対して、コップが勝手に落ちたと平気で言う人もいる。開いた口が塞がらない。いちいち頭にきていると身が持たないので、ドボクに携わる人は心に余裕を持って臨み、3歩進んで2歩下がるくらいの心持ちがちょうどいい。

ケニアのマサイ族に、こう言われたことがある。

「君は遠い国の大学の教授で偉いかもしれないが、ライオンは何匹殺したのか。私は3匹だ」

机の前にしがみつかず、世界が現場のドボクの世界で楽しもう。

木村亮（きむら まこと）　京都大学社会基盤工学専攻教授。1960年京都府生まれ。1982年京都大学工学部土木工学科卒業、1985年同大学院工学研究科土木工学専攻修了。1985年京都大学工学部助手、1994年同助教授、2006年同教授。毎年1/3は海外出張、2/5は国内出張。趣味は世界の道直し、日本映画鑑賞、山登り、土木遺産巡り。得意科目／物理、地理。苦手科目／英語。バイト経験／家庭教師、塾講師、中華・日本料理店、昆布屋、結婚式場、建設工務店など多数。

海外ドボク体験――地震のある国、ない国

じつは日本のドボク構造物はゴツイ。例えば、普段よく目にしている鉄道や高速道路の橋脚は、よほど工夫されたものでない限り相当太いのだ。えっ、そうなの？　と思った人、左の写真を見てほしい。美しい橋で知られるスイス・レマン湖畔の〈シヨン高架橋〉である。なんと、この橋脚の板の厚さは80㎝しかない。日本なら５ｍの柱になるといえば、いかにスレンダーなのかがわかるだろう。これが地震のある国とない国の違いである。

ただ、シヨン高架橋が美しいといわれるのは、形もさることながら、美しい湖畔風景と調和するように造られているからだ。そのために、山裾に沿うような道路線形、切り崩す土を少なくできる基礎形式、樹木の伐採を最小限にする施工方法といった技術的な工夫が凝らされている。つまり、土地の風景に敬意を払うという設計思想が、この橋の美しさを生み出しているのだ。

これに限らず、魅力的なドボク構造物には、優れた設計思想が存在している。もうひとつ例を挙げよう。ドイツ・シュツットガルト郊外にある〈ニーゼンバッハタール橋〉である。高速

道路の遮音壁を利用し、その上に歩道を設けるという変わった構造は、両側の街を行き来しやすくするためのアイデアである。実際に歩いてみると、便利なだけではなく、まるで谷を空中散歩しているような気持ち良さだ。使う人の気持ちに寄り添うこと、これも大切な設計思想である。

ヨーロッパの魅力的なドボク構造物を見ると、初めはそのスレンダーな形に目が行きがちだ。でも丁寧に眺め空間を感じながら、その形や構造の理由に思いを巡らせば、先に述べたように、そこから学ぶべき設計思想が見えてくる。逆に言えば、設計思想を理解するには実際に体験することが必要だ。地震の有無は単なる設計条件の違いに過ぎない。長崎県の西海橋《さいかいばし》や北海道の定山渓国道《じょうざんけいこくどう》など、ヨーロッパだけでなく日本にも魅力的なドボク構造物はたくさんある。学生のうちにできるだけ多くの作品に触れ、その優れた設計思想を自分の頭にストックしていくことをオススメしたい。なおその他国内の名作は「ドボクコレクション」「土木学会デザイン賞」を参照するとよいだろう。

左：ニーゼンバッハタール橋（Nesenbachtal bridge）、右：シヨン高架橋（Chillon viaduct）

二井昭佳（にい あきよし） 国士舘大学理工学部まちづくり学系准教授。1975 年山梨県生まれ。2000 年東京工業大学大学院社会工学専攻修士課程修了。建設コンサルタントで 4 年間、橋梁設計に従事。2007 年東京大学大学院社会基盤学専攻博士課程修了。博士（工学）。同年より国士舘大学に勤務。橋や駅前広場、被災地の復興計画などまちづくりのプロジェクトに関与。得意科目／なし。苦手科目／計算系科目。バイト経験／塾講師、日雇い労働など。

海外ドボク体験――まちの日常風景から気づくこと

公共事業、公共空間、公共交通など、ドボクにいると「公共」という言葉に出会う機会が多い。でもその割には、意味を実感するのが難しい言葉ではないだろうか。「公共」が英語のパブリックの訳語で、もともと日本にはない言葉だからかもしれない。いずれにしても日本では「公」という漢字のイメージから、行政が行うものを「公共」と捉える人が多いようだ。しかし例えば、イギリスの酒場「パブ」は、パブリックハウスの略であり、もともとは町の社交場として始まったといわれている。つまり向こうでは、事業を行う主体によらず、コミュニティにとって有益なものが〝パブリック〟と捉えられている。

さて、実は近年、日本ではこの「公共」の捉え方を巡り、哲学や政治学、あるいはお隣の建築でも熱い議論が展開されている。ここでその内容に触れる余裕はないが、これはドボクにおいても大切な問題だ。なにしろドボクのほぼすべての仕事は公共事業なのである。ではドボクが目指すべき「公共」とは何だろう？　それを考えさせられた、私の海外赴任時のエピソードを紹介したい。

スイスで驚いたことのひとつは、日本とは比べものにならないほど、魅力的な公園が多いことだった。眺めの良いオープンカフェ、本物の木でできた遊具、木陰のある芝生広場。公園には大抵このセットが揃い、しかもまちからアクセスしやすい水辺沿いにある。だから公園は、いつ行っても家族や恋人たちが思い思いの時間を過ごす、まちの居場所になっていた。これはきっと、何か良い仕組みがあるに違いない。そう期待し、所属していた大学の都市計画系の若手教員に公園の写真を見せながら、「スイスの魅力的な公園はどんな仕組みでできているの？日本には公園設置義務の法制度があるけどあまり魅力的なものができていなくて……」と尋ねた。すると、彼はなんと「へぇ、それはいい制度だね。でもスイスにはそういう制度はないよ」と答えたのだ。「じゃあどうしてこんなに魅力的な公園が？」「みんなが望んでいるからだよ。そのまちに住んでもらうために、行政は必死で魅力的な公園を造るのさ」

私はその理想的な状況に驚き、言葉を失った。そして、これが公共のあるべき姿なのだと感じた。つまりイギリスのパブも、スイスの公園も、「だれが」ではなく、「だれのために」に重きが置かれているのだ。だからこそ、そこでの豊かなシーンがイメージされ、結果として魅力的な〝市民の〟空間が生まれている。制度やしがらみにとらわれず、「市民のために」から発想すること。そうすれば日本にも、今までとは違う新しい公共の風景が生まれるはずだ。

二井昭佳（にい あきよし）　国士舘大学理工学部まちづくり学系准教授。1975年山梨県生まれ。2000年東京工業大学大学院社会工学専攻修士課程修了。建設コンサルタントで4年間、橋梁設計に従事。2007年東京大学大学院社会基盤学専攻博士課程修了。博士（工学）。同年より国士舘大学に勤務。橋や駅前広場、被災地の復興計画などまちづくりのプロジェクトに関与。得意科目／なし。苦手科目／計算系科目。バイト経験／塾講師、日雇い労働など。

社会参加はパブコメから

パブコメとは、正式には「パブリックコメント」といい、ドボク業界というよりは公的な機関全般に関わる言葉である。

国や自治体などが、基本的な計画や指針を決める際に、一定期間その案を公開し、広く公に意見を求める仕組みだ。最近では、より広く意見を受け付けるために、市役所などに行かなくても投稿できるインターネット上のパブコメサイトも増えてきた。

自分の住んでいる地域や故郷の自治体ホームページをのぞいてみよう。「最新情報」の欄に「○○計画（案）への意見募集」などの表示があるだろう。都市計画や景観、福祉、防犯、防災など、私たちの生活に関わるさまざまな分野の計画や指針について、自治体が検討した案を閲覧でき、それに対する意見を自由に送ることができる。意見募集の期間は1カ月程度が一般的で、集まった意見は自治体で一件ずつ確認され、建設的な意見は取り入れられる。

こうしたプロセスに参加することで、自治体が税金を使って何をしているのかを知ることが

できる。そのうえで地域社会について考えれば、きっとさまざまなことを感じるだろう。感じたことを親や友達と話したり、自分の意見を投稿する経験は、社会参加の立派な第一歩となる。このページを読んだのも何かの縁だと思って、ぜひチャレンジしてみてほしい。

より積極的に参加したい人には、〝パブコメ以前〟への参加をおすすめする。作成された後の案に対して意見を言うだけではなく、案を作成する段階に参加する機会が用意されていることも多い。その代表的な場が「市民ワークショップ」である。市民が集まり、ファシリテーターと呼ばれる司会進行役のリードに従って、グループごとに決められたテーマで意見交換を行い、その成果を共有しながら議論を積み重ね、それらの意見を反映させながら自治体が案を作成する。他の参加者の考えや自治体の狙いを聞きながら、対話形式で参加できる点が特徴だ。一般市民の参加が前提となっているので、テーマとなっている分野の知識がなくても参加しやすいように配慮されている。

人口減少、少子高齢化時代を迎え、地域や国の課題解決には「新しいアイデアや視点」が求められている。だからこそ、パブコメや市民ワークショップには、行政と付き合いなれた世代だけでなく、若い世代の新鮮な意見が待たれている。ぜひ気楽に、かつ自信をもって参加してみてほしい。きっと新しい出会いが待っているだろう。

髙尾忠志（たかお ただし） 九州大学持続可能な社会のための決断科学センター准教授。1977年ロンドン生まれ。2002年東京大学大学院工学研究科社会基盤工学専攻修了。都市計画コンサルタントを経て、2004年から九州大学に勤務。由布市、五島市、長崎市、松浦市、日南市、柳川市、大野城市など、九州各地のまちづくりに携わる。得意科目／ヒアリング。苦手科目／モデル分析。バイト経験／モスバーガー。

見えないドボクを想像しよう

私たちの目に映る風景のほとんどは、だれかが考えて造ったものだ。そのうちの大部分が、水道や橋、道路といった人の営みを支える基盤になっている「社会基盤施設」。でもそれらは当たり前に目の前にあって、意識されないことが多い。地下に埋設された水道などは、文字通り、見えない。一方で、目の前にあるのに、そもそもどんなつもりで造られたモノなのか見えなくなっている場合も多い。

実際ドボクの歴史は人類の歴史でもあって、とても古い。しかし人は世代がかわると、前の世代のつくってきた都市や構造物に託された思いなどはすっかり忘れてしまうのが世の常である。たかが80年や１００年程度を遡るだけで、世の常識は驚くほどに変わってしまう。一方でドボク構造物は、１００年間くらいは当たり前に使うつもりで頑丈に造られていたり、規模が大きかったりと、次世代へそのまま遺される。つまり、モノは残るけれども、建設当時の気持ちはだんだん忘れられてしまう。悪い場合には、新たな経済効果を夢見て周辺を開発すること

を優先し、そもそもその場所の履歴を体現しているモノに目もくれなくなると、「ムダ」はまた「邪魔」の烙印を押されてしまう悲劇もおこる。実際にそうやって消えていく構造物は多い。

でももちろん、ドボクはそういう〝ただのモノ〟ではない。古い構造物の材料、規模、造られた時期、デザインの特徴などをヒントにして、目の前に見えていない過去を想像してみよう。例えば橋の親柱《おやばしら》（橋の端部に飾られた門柱）には、その橋のつくり手の想いが現れる。小さな規模の橋の割に大きな親柱が付けられている場合には、きっとそこに何かある。その特別な想いを読み取ってみるのだ。例えば、長野県木祖《きそ》村にある菅橋《すげばし》は、そんな親柱をもつ。当時は画期的な新技術だった、鉄筋コンクリートを駆使して造形されたアールデコ風の飾りは、親柱に留まらず、尖頭アーチをくり抜いた高欄《こうらん》（橋の手すり部分）のデザインにも派生している。それを越えて至る彼岸への昂揚感は何を伝えたいのか。調べてみれば、鉄道駅から集落をつなぐ村道が、木曽川源流を渡るように改修されて、村を挙げて客を迎える立派な橋として造られたことがわかる。村の発展を願った有志が、費用の大部分を寄付してまで建設を願った橋だった。

君も見えないドボクを想像しよう！　１００年程度であれば、まださまざまなところに手がかりは遺っていて、忘れられてしまった事実を解き明かすこともできる。きっと明日から、まちを歩く君の目には、見えない何かが見えてくるはずだ。

出村嘉史（でむら よしふみ）岐阜大学工学部社会基盤工学科准教授。1975年愛知県生まれ。2000年京都大学工学部地球工学科卒業。2003年京都大学で博士（工学）取得。2003年より京都大学助手、助教を経て、2009年より現職。2007年から翌年までシェフィールド大学（英国）にて研究員。得意科目／景観デザイン。苦手科目／材料学（今は好き）。バイト経験／家庭教師、アートスクール、専門学校、美術品輸送、薪能会場、土質調査、パン工場など。

ドボク写真の楽しみ方

写真を撮ると、ドボクが好きになる。ドボク写真の面白さは、なんといってもその対象の大きさ・範囲の広さ、偶然の出会いにある。

土木構造物は一度に全体を写すことは難しい。1枚の写真を撮るにも、まず撮影場所探しが大変である。まずは地図を眺めての想像旅行から始めよう。歴史を調べるのも良い。どこから見えそうか、どこから見ると良さそうかを調べたうえで、現地では、その対象の何が良いのかを見極め、どこから撮るとそれが伝わるかを、歩きまわって構図探しをしなくてはならない。

また、土木構造物は日常的に使われているものなので、人が写真の中に入ってくる。屋外なのでいざ現地に行くと、曇っていたり雨が降ってきたりする場合もある。時によっては工事中で辿り着くことさえ困難なこともある。非常にコントロールできない要素が多いが、その分、こんな見方もあったのか、と予想だにしない風景との出会いもある。

このように写真を撮ろうとすると、おのずとさまざまなことを調べたり、土木構造物をまじ

まじと見ることになる。これは、設計した人、施工した人との対話ともいえる。そうしていくうちに、対象の土木構造物のことが気になりはじめる。現地でお気に入りのところが見つかれば、さらに好きになるだろう。どんどんドボクに魅せられていくことになる。

そしていよいよ写真を撮る時は、移動している間も神経を研ぎ澄まして集中力を高めよう。大事な瞬間を逃してはダメだ。太田川大橋という橋を撮っていた時、橋のアーチと厳島を重ねて撮りたいと現地をひたすら歩いて構図を探していた。しばらく歩いていると散歩をする女性が現われた。「橋」というドボクと、歴史的意味の深い「厳島」、そこで生活する「人」が目の前で重なった。一心不乱にシャッターを押した。その後も、午後から夕暮れまで現地にいたが、このようなタイミングは一度しかなかった。ドボクの良さはやはり周辺の風景や人の生活との関係にあると実感した。

さて、写真を巧く撮るには「ISO感度・F値・シャッタスピード」あたりは基礎知識として覚えておきたい。入門書も多くあるので、参考にしてみてほしい。ドボク、そして写真を知れば知るほど、ドボク写真は楽しくなる。お気づきのとおり私自身、ドボク写真の虜になっているそのひとりである。

太田川大橋と厳島と人の風景

山田裕貴（やまだ ゆうき） 有限会社eau（設計事務所）勤務。1984年愛媛県生まれ。2006年熊本大学工学部環境システム工学科卒業、2008年同大学院修士課程修了、2011年東京大学大学院工学系研究科社会基盤学専攻博士課程修了。2011年に有限会社eau入社。博士（工学）、法政大学兼任講師。得意科目／演習・実験系科目。苦手科目／水理学。バイト経験／カフェ、設計事務所、建設コンサルタント。

ドボク体験の奥義は この人に聞け！

さて、次から始まるドボク体験７連発の執筆者、大山顕さんは、全国各地に淡々と存在する団地や工場、橋やダムなど建造物や土木構造物を、有名無名問わず「愛でる」という文化を発信している人だ。もちろん、建っていれば何でもいいというわけではない。自己満足のオタクでもない。若い読者の皆さんを侮るわけではないけれど、大山さんが示してくれたドボク体験のポイントは、ドボクを知れば知るほどその深さがわかってくる。学年が進むごとに読み返してほしい。あ、そういうことだったのか、という新しい発見があるだろう。

橋・ダム・港・川・トンネル・道・鉄塔。この七つの、見どころも語りどころもつきない対象の魅力について語ってもらう。大山さんのように、明るく前向きな愛でる文化を通して、日常と、日常を支えるだれかの仕事を知る奥深さを、思う存分一緒に楽しもう。　(佐々木葉)

大阪市の阿波座ジャンクションの「裏側」。このダイナミックな光景はエンジニアからのメッセージだ（p.160）

大山顕（おおやま けん）

フォトグラファー・ライター。1972 年千葉県生まれ。1998 年千葉大学大学院工学研究科デザイン科学専攻修了。主な著作に『工場萌え』『団地の見究』（いずれも東京書籍）、『ジャンクション』（メディアファクトリー）、『高架下建築』（洋泉社）など。
http://www.ohyamaken.com/
twitter: @ sohsai

今日も無事故で
安全第一

上:鹿島火力発電所からの電気を運ぶ鉄塔群(p.172)下:千葉県長生郡・九十九里浜にあるヘッドランド(人口岬)の消波ブロック(p.164)右:工事中の古川調節池・一の橋公園の発進立坑(p.168)

土木体験の奥義

橋――上を向いてくぐろう

大山顕

サーファーは「海には三つの面がある」という。水面、海底面、そして海の中から見上げた水面の裏側だ。橋にも三つの面がある。橋の上の面、側面、そして橋の裏側だ。

建築の世界には階段マニアと呼ばれる人たちがいて、彼らが必ず見るのが「段裏」、つまり階段の裏側だ。そこに設計者の階段に対する思い入れが見えるのだという。私が電器メーカーに勤めていた時、デザイナーから聞かされた話に「製品の裏側を見れば、それをつくった企業におけるデザイナーの地位がわかる」というのがあった。家具職人もテーブルやイスの裏側が大事だと語ったし、刺繍作家は「うまい人は裏側がきれい」といった。

ならば橋も裏側を見てみようではないか。そこにエンジニアの工夫が見える。もしかしたら予算を組んだ人の苦労なんかも感じられるかもしれない。

ひと口に橋といってもさまざまな種類がある。川や海に架かるものはもちろん、歩道橋や跨線橋、高速道路や鉄道の高架だって橋だ。極端なことをいえば、家の屋根だってビルの床だって橋だ。そういえば仕上げが施されていないスラブむき出しの天井は、橋の裏側に似ている。

つまり橋とはあらゆる構造物の基本なのだ。空中に平面を渡すというのは、人類がどうしても抗えない「重力」というものを相手にする健気な行為で、だからこそ構造設計の花形なのだ。橋の裏側には、それが現れている。考えてみれば、橋の裏があんなに構造むき出しなのって面白い。建築が巧みにその構法を隠すのと対照的だ。シンクロナイズド・スイミングの水中の映像のような、何か見ちゃいけないものを見てしまったような気分になる。だから私は、橋の裏をエンジニアからの秘密のメッセージだと思っている。

5年前から、私は友人たちと船を借りて川の上に架かる高速道路の下をクルーズするイベントを催している。ひとつにつながっている高速道路だが、実はいろいろな種類の「橋」が連結しているのだということがわかって楽しい。柱と柱の間がやたら長いもの、古いもの、新しいもの、コンクリートでできたもの、鋼製のもの、鋼鈑桁《こうはんげた》、箱桁《はこげた》……それぞれに理由があり、ひとつとして同じものがない。

冒頭のサーファーの話は、海と付き合っている人ならではの発見だが、サーフィンの腕前とは何ら関係ない。つまり、詳しいことを知っていても知らなくても、橋の下に飛び込みさえすれば第三の面は見えるのだ。橋をくぐるときは上を向いて歩こう。

土木体験の奥義

ダム――ドボクのオーケストラ

大山顕

今やドボク趣味としては最もメジャーな分野になりつつあるダム鑑賞だが、それも当然かなと思う。ダムにはドボクの面白さのエッセンスがすべて詰まっているからだ。

まず見た目のダイナミックさがすばらしい。山道を行くとその向こうに突然姿を現すコンクリートの塊。周囲の山並みの形状と極端なコントラストを見せる直線。自然を相手にしている、というドボクの重要な性質をこれほどまでにわかりやすい形で見せる構造物もめずらしい。

構造的にもドボクの見本市のようだ。以前ダム建設に関わった方が「ダムには土木工事のすべてが含まれている」と言っていたのを覚えている。ダムを造るためには、まずそこへ至るための道路敷設から始まる。そして山肌を削る工事があり、コンクリートの工場も建設する。橋もつくれば護岸工事も行う。和音とメロディーをひとりで奏で、多彩な音色をもち、弦をつま弾くだけでなく打楽器的にも演奏できることから、ベートーベンはギターを「小さなオーケストラ」と呼んだというが、さしずめダムはドボクのオーケストラだ。

もうひとつ、ダムの魅力として重要な要素は、都市から離れた場所にある点だ。土木構造物の代表選手のような橋梁や河川、道路といったものたちが、日頃頻繁に目にする当たり前の存在であるがゆえにじっくり鑑賞する気が起こらないのと対照的だ。非日常の世界へ物見遊山に出かけさせるのが、ダムの立ち位置だ。そして実はこの日常から離れた場所にあるということに、ダムの真の面白さがある。

たとえば東京都に上水道を供給している矢木沢ダムは群馬県にある。別の県で確保された水を東京は利用しているのだ。ダム好きな人たちの話を聞いていて面白いのは、彼らが最終的に興味を持つのはダムそれ自体というよりは水系に対してであることだ。つまり、ダムとは山から海へと旅する水の流れのネットワークの、特異な表れに過ぎない。あの巨大な構造物が示しているのは、人間の営みとしての上水システムの巨大さなのだ。都市の規模というのは、そのインフラをどれだけ圏外にアウトソーシング（外部委託）しているかに表れる。

そしてこれは上水に限ったことではない。福島の原発は東京電力のものだった。都内で働く人々の住宅の多くは千葉や埼玉、神奈川などにある。さらに言えば、ガスやガソリンはサウジアラビアなど海外からやってくる。このように、インフラとはシステムのことであることを、ダムはわかりやすくも象徴的に表している。

港湾——日本の輪郭を守る最前線

大山顕

日本の海岸線をすべて徒歩で行く（ただし、歩けるところのみ）、という偉業を成しとげた方にお会いしたことがある。何年もかかってこつこつと歩いたそうだ。その方いわく「都市部の海岸線は歩けないところが多い」。

おっしゃるとおり東京や大阪・名古屋などをはじめ多くの都市の海岸線は、工場や流通拠点などになっていて、立ち入ることができない。スーパーマーケットやオフィスなどの裏手にある「立ち入り禁止」ゾーンの都市版のような感じだ。そう思って航空写真を見ると、港湾はさながら都市のバックヤードのように映る。なかなか見ることができないので、「海岸線」といえば港湾ではなくビーチを思い浮かべるかもしれないが、よく考えてみてほしい。ビーチもいいが、このバックヤードこそ日本の国土の最前線なのだ。そしてそれを支えているのは土木構造物である。

私は巨大なコンテナ船が作業するコンテナヤードを特別に見せてもらったことがある。最初はそのスケールの大きさに興奮し写真を撮りまくっていたが、ふと向こうを見れば、そこには比較にならないほどさらに巨大な大海原が広がっているではないか。港湾の土木構造物の魅力はなんといってもその超大な量感だが、このスケールは海というものの巨大さの表れなのだ。港湾には工場やコンテナヤードのほかにも、倉庫や基地、漁港もある。海と対峙する土木構造物は波、風、腐食などに耐えなければならない。東日本大震災の津波で私たちは改めて思い知った。海は決して付き合いやすい相手ではない。びっちりとコンクリートで固められた岸壁は、海外とのやりとりを実現するために毅然と、でも必死に大自然の荒波に対抗している。

港湾で活躍する土木アイテムで私が特に惹かれるのは消波ブロックだ。山と積まれてみんなで海岸線を守る姿は、ゲームの主人公を守るサブキャラクターのようだ。その過酷な仕事にもかかわらず、なんとも愛らしい形をしている。以前、ヘッドランドという、波によって砂がさらわれ海岸線が後退してしまうのを防ぐ消波ブロックの整備現場を取材したことがある。その担当者の一言が忘れられない。「われわれは国土が小さくなってしまうのを防いでいるんです」。

冒頭の海岸線を徒歩で行く方は「日本の輪郭を脚でなぞっている」と言った。その輪郭を守っているのが港湾の土木だ。バックヤードであり、最前線。まずはキュートな消波ブロックを愛でることで、その頑張りを感じてみよう。

河川——壮大で強大な友人との付き合い方

大山顕

私は東京の街を地形図を見ながら歩くのが好きだ。一見人間の論理と都合でできあがっているように見えるこの大都市の風景も、実は地形に支配されている。そしておおむねその地形をつくったのは川の流れだ。河川は数万年という時間をかけて大地を削って地形をつくり、流路を変える。街角にあるちょっとした高低差は、いわば時間の表れだ。だから河川の護岸整備とは、つまり時間の制御なのである。

以前、浅川という多摩川支流の河床工事を取材させてもらったことがある。それまで河川の管理といえば護岸のイメージぐらいしか思い浮かばなかったが、河床（川底の地盤）のコントロールもまた重要な事案なのだ。河床が極端に削られるといろいろ不都合なことが起こるが、そのひとつが橋脚の基礎を危うくするという困った事態だ。私が見学したのもその対策だった。具体的には「床止め」と呼ばれるものを設置して洗掘《せんくつ》（水の流れで土が削り取られること）を防ぐ工事だった。

私にとって印象的だったのは、「川は全体でひとつの生き物ですから」という工事事務所の方の一言だった。床止めの設置は遠く離れた上流にも下流にも、思わぬ影響を及ぼすというのだ。だから河川の管理改修計画はまるで人体の鍼灸治療のようなものになる、と。それを聞いて改めて気がついたのは、川は人間の都合で決めた境界を越えて流れるものだということだ。県境など川には関係がない。大陸においては国境も越えて流れる。

子どもの頃、歴史の授業で最初の文明はすべて大河のほとりで発生した、と習った。この説が正しいとしたら、川があったから文明が生まれたのではなく、河川を制御できる文明をもっていたから、人間は流れのそばに住むことができた、ということを意味しているのではないか。つまり、治水こそが文明の条件ではないだろうか。現在、世界中のどこにもおよそ治水の技術を持たない文明国家はないはずだ。

コントロールされた河川が流れる都市に暮らしていると、つい忘れがちになるが、川は決して付き合いやすい相手ではない。現代でも大雨が降れば暴れ、甚大な被害をもたらす。人はあっけなく水で死ぬ。しかし一方で川の水がなければ人間は生きていけない。「せせらぎ」「うるおい」「親水」などという耳当たりのいい言葉は、万全の治水あってのものだ。境界線など人間の決めた都合に拘泥することなく、常に細心の注意を払って付き合わなければならない相手がいる、ということを河川管理はよく表している。

トンネル――掘られた空間には何かが詰まっている

大山顕

土木構造物を愛でる趣味のことをカタカナで「ドボク」と表記し広めたのは他ならぬ私自身だ。なぜ漢字の「土木」を避けたのかというと、これがマテリアルのことしか言っていないのが不満だったからだ。「建築」という言葉が〝行為〟を意味しているのに対し、なぜ「土木」には人の営みが含まれていないのか。

このような「土木」に対する不満はトンネル趣味の方が主催したツアーに参加して少し和らいだ。「大地を掘る」という建築にはない（建築造成工事でも行われるが、それは建築作業のメインではない）根源的な行為のことを知れば知るほど、「これは〝土〟としか呼びようがないな」と思ったからだ。

トンネルづくりの特異な点は、それが「引き算」でつくられるということだと思う。材料を加工して空間に新たに築きあげるのではなく、土の中に空間をつくる（海底トンネルなどは除く）。このような作業はちょっと他にない。私はこれまでにもさまざまなトンネル工事の様子を取材させてもらったが、どの現場でもかつて子どもの頃に砂場で穴を掘った時のことを思い出した。穴を掘るというのは単純だが、ちゃんとやろうとするとたくさんの下準備と手当が必要になる。ただ掘り進めるだけでは、必ず崩れる。水も出る。ふつうの大人は砂場で遊ばないのでその感覚を忘れてしまうが、実は大変な行為なのだ。ジャングルジムのような支保工《しほこう》（掘削中に岩盤が崩れるのを防ぐ仮設構造物）を見るとそれがよくわかる。

　しかも掘ることだけが大変なのではない。空間をつくった分の土が発生する。この土の置き場を確保しなければならない。そこまでの輸送手段も。さらにトンネルが大規模になると、作業現場までの移動手段を用意しなければならなくなり、換気装置なども必要になる。このような圧倒的な規模の〝土〟を前にした作業を見ていると、つくづくこれはもう「土木」と呼ぶしかないなと思う。

　トンネル趣味の方が主催したツアーでは、いくつかのトンネルを巡った後、最後にあえてトンネルを通らずわざわざ山を越えるルートが用意されていた。峠越えをしてヘトヘトになった私たちに向かって彼女は「トンネルがなければどんなに大変か実感してもらいたかった」と言った。どんなトンネルもだれかが必要とし、そしてだれかが掘ったものであるという事実が、トンネル趣味を深める動機だったそうだ。トンネルは確かに引き算された空隙だが、そこには別の〝何か〟が詰まっている。

土木体験の奥義

道路——「平ら」をメンテナンスする

大山顕

日本で一番大きいドボクは道路の舗装ではないだろうか。なにせ日本中につながっているのだ。カサブタを丁寧にはがすように舗装を千切れないようにペリペリと剥がしていったら、それは日本列島の形をしたアスファルトの網になるだろう。

この日本型のアスファルト網は、インフラに求められるある重要な一要素を表している。それは「くまなく整備する」ということだ。いくら高規格の道路をつくることができても、それがごく一部の地域だけに敷かれたのでは意味がない。道はつながっていなければ道とはいえない。私の友人に「国道マニア」と呼ばれる人がいるが、私は彼の趣味のことを「世界一説明しづらい趣味」と呼んだことがある。その理由のひとつがこの「くまなく整備されている」点にある。つまり、どこにでもあるものなのでなぜそんなものに熱中するのかが門外漢には理解しづらいのだ。道路のもうひとつの重要な要素は「平らである」ことだと思う。道なき山の斜面を薮こぎをしたことがある人なら、平らであることのありがたさはよくわかるだろう。また、訓練していないと泥濘《ぬかるみ》や砂浜を10kmも歩けない。道は移動して生きていく動物ならどんなものでも利用するインフラだが、人間だけがその表面を平らにする。いわば道路整備は人間が人間であることの証なのだ。

有史以前から人間は道路をつくってきたが、自動車の登場以降、求められる「平ら品質」は格段に高くなった。同時に水はけも求められる。さらにメンテナンスの重要性も増した。廃道の舗装を見るとわかるのは、手入れを怠るとあっというまに道路は道路でなくなることだ。危機的な状況にある地域や国の最大の特徴は道路が荒廃している点にある。

どこにでもあって、いつでも同じコンディションであること、つまり「普通である」ことにはコストがかかる。インフラがもつこのような性格を、道路はとてもよく表している。国道趣味の一分野として未舗装の「酷道」（「国道」をもじってそう呼ばれる）を走りその険しさを味わうというものがあるが、これが趣味になりうるのは、それがレアケースだからだということを忘れてはならない。

くだんの国道を趣味とする友人は「私は初対面の人とでも話題に事欠かない自信がある」と言う。およそ道に思い出のない人などいないからだそうだ。皆さんも自分の思い出の道に行って、その舗装を見てみてほしい。そこが今でも平らであったなら、それはだれかがあなたの思い出をメンテナンスしたということなのだ。

鉄塔——インフラのスケールを語る人型

大山顕

送電線は目に見える唯一の「空飛ぶインフラ」である。そうなった理由は、ガスや上下水道と異なり持ちあげることができるから、という理由だけでなく、空気という優秀な絶縁体を利用するためでもある。私たちが送電線を見上げるとき、実は絶縁体も「見て」いるのだ。

その空中飛行を支えるもののひとつが鉄塔だ。私には鉄塔を趣味にする友人が何人かいるが、彼らは決まって鉄塔を〝あの子〟と呼び、形状を分類するために付けた名前も「男形／女形」「料理長形」「ドラキュラ形」など擬人化したものが多い。このような趣味人たちによる通称だけでなく正式な専門用語でも「腕金」「脚」と呼ばれる部位がある。

一度送電線を辿って鉄塔鑑賞をしてみてほしい。じっくり眺めていくと次第に「あの子はかっこいい」「あの子はかわいい」などと好みと愛着が出てくる。鉄塔を擬人化したくなる理由は姿形が人のようであるからだけではなく、このようにそれぞれに個性があるからなのだ。

構造物は、ある規模を超えると一点モノになる。建築と土木の大きな違いのひとつにその大きさがあるが、それは単にサイズの問題ではなく「折りあう相手」が変わってくることを意味している。より広範囲に地面を覆い、高く空に伸びるということは地形や地質、風・温度など気候・天候などの影響が大きくなるということだ。いわゆる「お天道さま」を相手にしなければならない。

送電線は数百kmにわたって電気を運ぶので、それを支える鉄塔が脚を下ろす場所の環境は千差万別だ。田んぼの真ん中もあれば山の峰もあり、住宅街もあれば、河原もある。だから鉄塔も一点モノになる。このような地形や地盤のほかに、隣の鉄塔との関係も考慮しなければならない。なぜならば鉄塔同士は重い送電線でつながっているからだ（送電線は1本で1mあたり約1・7kgもある）。鉄塔を趣味とする人の多くが「無線の鉄塔にはあまり興味がない」と言うのは、この「隣人」との関係が重要だからだろう。やはり送電鉄塔は人なのである。

送電網は国土スケールだが、鉄塔は特定のローカルな場所に立つ。しかもその敷地はちょうど家1軒分ほど。つまり、国レベルの論理が文字通り地元に脚を下ろし、街に同居する存在が鉄塔というものなのだ。インフラの圧倒的なスケールの大きさと、ドボクへの愛着の両方を、鉄塔は人の姿をして表している。

column

ドボクの魅力 4

人が働くドボクの現場

東京都・京王線調布駅付近地下化工事（photo by Takuya Omura）

地上を走っていた鉄道を、8 年以上の月日をかけて線路下に構築した地下トンネルへ、一晩のうちに切り替える大工事。この日の切り替え地点は 3 カ所、地下化した駅は 3 駅、作業に携わった人は電気や設備関係のスタッフも含め、総勢 2900 名に上る。失敗が許されないぶっつけ本番のミッションを取りまとめるのも、ドボクの仕事である。

（大村拓也）

5

CHAPTER

ドボク学生のハローワーク

遅かれ早かれ、だれもが仕事に就くときがやってくる。就職なんてまだ先の話と思っている人もそうでない人も、まずはこの章を読み進めてほしい。ドボク学科を卒業し、それぞれの道で活躍している先輩たちの言葉から、自分の道を拓くためのヒントがきっと見つかるだろう。将来を見据えて、ドボク学科での生活をより一層充実させよう!(仲村成貴)

国家公務員（総合職）――国の未来を描く

国土交通省といえば、お堅いおじさんたちが集まった巨大組織のイメージが強いかもしれないが、実は、真摯で前向きな風土が漂う。私は4年目の新米係長だが、担当する政策について、上司はまず「どうすべきだと思うか」と問いかけ、私たち若手の提案にしっかりと耳を傾けてくれる。また、近年の水災害・土砂災害の頻発・激甚化を受け、情熱をもった先輩方が「何ができるか、何をすべきか」と真剣に議論する姿を目の当たりしては、自分ももっと成長して良い仕事ができるようになりたい、と日々思う。

国交省の総合職（技術系）はそのキャリアパスに特徴がある。基本パターンとして、最初の2年は出先の事務所（地方）で現場経験を積み、3年目以降は本省（霞ヶ関）で4年間、予算や制度などに関わり、その後は立場を変えながらも現場と本省を行ったり来たりする。海外勤務や地方自治体への出向を経験することもできる。これはつまり、現場で感じた問題意識を本省で、本省で感じた問題意識を現場で活かすことを求められているということだ。現場感覚を失わず、技術力を高め、行政的センスを磨き、現場でも本省でも通用する一人前の役人として成長せよ、と。役人道はあまくない。

法律改正、予算編成、国会対応など特殊な業務が多いのだが、とりわけ国交省ならではの責任を感じる仕事、それは「災害対応」だ。ひとたび災害が起きれば、休日でも深夜でも一切関係なし！　24時間365日、最優先・総動員で全力対応。大雨が降り続けば、地震が起きれば、早朝に鳴り響く携帯で飛び起き猛ダッシュで出勤することもある。台風が近づき、多くの人が「明日は休みかなぁ」と思う日も、私たちは雨雲の動き、河川の水位の状況などをチェックしながら「今日は泊まって待機だな」と考える。「国民の安全・安心を守る」「命を守る」という国交省のシンプルかつ重い使命を実感する瞬間だ。

そんなわけで、国交省って忙しいのでしょ？　とよく聞かれる。まぁ、忙しくないとは言わない。でも、それを超えるやりがいがある。取り組むべき課題に対し、大学や民間など多様な立場の人たちとの連携、最新の情報、最先端の技術なども活用し、解決策を考えることができる。人の暮らしの基盤をつくること、守ることに関わる喜びがある。

お堅そう、忙しそう、そんなイメージに囚われず、どうか興味をもってみてもらいたい。情熱と志さえあれば、大きな可能性にあふれた場所だから。

渡邊加奈（わたなべ かな）　国土交通省勤務。1985年福井県生まれ。2011年九州大学大学院工学府都市環境システム工学専攻修了。2011年入省。荒川上流河川事務所、㈱大林組研修生、東京外かく環状国道事務所などを経て、現在、水管理・国土保全局河川計画課に所属。得意科目／国語、英語（学生のときまでは）。苦手科目／数学、物理（理系なのに）。バイト経験／家庭教師、居酒屋さんのホールスタッフ。

国家公務員（一般職）――現場から地域社会を支える

国土交通省関東地方整備局とは普通の会社で言えば「支店」にあたる。この関東地方整備局では、関東1都8県の道路や河川、ダム、砂防、港湾、空港といった社会資本の整備を通じて、「安全」「活力」「暮らし・環境」「ストック型社会への対応」という方針のもと、安心・安全で豊かな地域社会を支えるという重要な役割を担っている。社会資本というとイメージしにくいかもしれないが、河川の仕事で言うと、皆さんの暮らしを洪水や渇水、土砂災害から守り、川の魅力を地域の財産として保全、利用する整備と管理を行うことだ。私は、採用されてから18年間河川の仕事に携わっている。特に印象に残る仕事を二つ紹介したい。

一つ目は、採用直後に多摩川を管理する事務所で調査・計画を担当した時の経験だ。多摩川の将来計画に地域の意見を反映するため、市民の方々と一緒に現場を歩き、同じものを見てご意見をいただき、その日に意見・情報の交換を行い、そして夜遅くまで車座《くるまざ》になって多摩川の川づくり、多摩川の未来について真剣に話し合った。その時に感じた、人と人とのつながり、想いを伝えること・想いに耳を傾ける大切さ、それらすべてが今の自分の財産となっており、この経験があるから今もがんばれている。

二つ目は、堤防などの河川工事の監督をする出張所で、係長になった時の経験だ。12月に台風並の大雨が降って堤防整備の工事が遅れてしまった時、盛土の施工業者は施工手順を見直し、他の施工業者は頻繁な土砂搬入による工事ヤードの混雑を避ける調整への協力、工事監督をする私は品質確保の確認方法を見直し、立場を越えて密な連絡・情報共有のもと、ギリギリで工期に間に合わせることができた。このときは本当にほっとした。これは行政の仕事のなかでも、学校で習った施工管理、土木施工などの知識が活きた仕事だ。

どの仕事もそうだが、時にはつらく厳しいこともある。しかし達成したときの充実感、みんなで行った連帯感が、次の仕事に向かうエネルギーになっている。昔からドボクは経験工学と呼ばれている。それは技術を活かすのは人だからだ。仕事は一人ひとりが努力して技術を磨かなくてはいけないが、けっしてひとりでは為しえない。

これからも河川の仕事を通じて得た、人と人とのつながり、想いを伝えること・想いに耳に傾ける大切さと培ってきた技術・知識・経験を、〃いい川づくり〃に活かしていきたい。そして、そのドボク技術をみなさんにお伝えしたいと思っている。ぜひこのドボクの世界で一緒にがんばろう！

髙橋靖（たかはし やすし） 国土交通省水管理・国土保全局治水課勤務。1972年神奈川県川崎市生まれ。1995年日本大学理工学部土木工学科卒業。1996年建設省関東地方建設局へ入省。2014年より現職。得意科目／測量実習。苦手科目／水理学。バイト経験／ファミリーレストランのホールスタッフ、クリスマスケーキの製造補助。テニスサークルでイベント企画・調整を担い人と付き合い、話し、理解し、伝えた経験は仕事に役立っていると“今は”思います。

地方公務員（都道府県）──地域を俯瞰し、地域に寄りそう

人々の生活になくてはならない社会基盤の整備において、地域が抱える多くの課題に向き合い、自ら考えて行動し、解決していくのが、地方公務員の土木技術者の仕事だ。

特に東京都の土木職員は、地域に密着したきめ細かな事業から、国や海外に関わる大規模な事業まで、日本の首都ならではの多種多様な仕事ができる。

現在、私は東京都水道局で、大規模浄水場施設の建設事業に携わっている。現職は工事監督業務だが、それ以前は設計業務を担当していた。都の土木職員は約3～5年毎に部署を異動する。局内はもちろん局をまたぐ異動も多く、新しい知識を身につけながらさまざまな経験を積んでいく。そのなかで、計画→設計→施工→管理の、社会基盤整備における一連の工程すべてに関わることができるのも大きな魅力だ。

東京都水道局は今、集中的に更新時期を迎える浄水場への対策や切迫性が指摘される首都直下地震への備えなど、多くの課題を抱えており、解決に向け日々尽力している。浄水場を例に

あげると、将来の更新時期を集中させないために、アセットマネジメント（資産管理）の評価をもとに更新順序を決めるとともに、更新時に低下する能力を補うための代替浄水施設をあらかじめ整備する事業を進めている。各事業には大きな責任が伴い、現場ではさまざまな問題が生じる。しかし、それらに真剣に向き合い、チーム一丸となって問題を解決できたときには、大きな感動を味わうことができる。

都の土木職員の職場は多様だ。多くの人々が暮らす住宅地はもちろん、繁華街やオフィスビルの立ち並ぶ都心部から、自然豊かな多摩の山間部や離島地域まで幅広い。さらには国の省庁や民間企業、被災地や他自治体への派遣、海外研修の機会などもある。私自身も実際に、自治体連携の一環で、地域再生に取り組む北海道夕張市を訪れるという経験をした。このように、都の土木職員は、さまざまなキャリアを通じた交流のなかで活躍している。また、日々の仕事も、庶務や経理などを担当する事務系職員と、建築や電気、機械など、多様な分野の技術系職員とのチームワークで成り立っている。これらのことを踏まえ、職員採用試験では、面接に加えプレゼンテーションやフィールドワーク、ワークショップなどによる総合的な人物評価が大きなウエイトを占める。例えば興味のある分野の現場見学に参加してみるなど、日ごろから行動を起こしてみるといい。土木・まち・社会・環境……自らの足で現場を歩き、人々と話し、現状を目で見て考え、問題を解決するための自らの意見を持つことが大切だ。

長澤将皓（ながさわ まさひろ） 東京都水道局所属の土木職員。1989 年東京都生まれ。2012 年早稲田大学創造理工学部社会環境工学科卒業。佐々木葉研究室にて、計画系の研究や、設計コンペ・建築模型づくりに没頭。その他、都市型水害や津波の調査・研究にも携わる。就職後は設計・施工の経験を積み、2014 年現在、朝霞浄水場関連の建設事業に携わる。得意科目／土木系。苦手科目／高校までの学習。バイト経験／設計コンサル、設計事務所、塾講師など。

地方公務員（市町村）――まちのマルチプレイヤー

子どもの頃から目立ちたがり屋で、平凡や普通といったことが嫌いだった。そのため、将来の夢も、人とは違う、目立つ職業に就きたいと考えていた。その自分がまさか地方公務員になるとはまったく想像していなかった。

現在、長崎県の五島列島に位置する五島市役所に勤務している。出身は福岡県であるが、学生時代に研究室のプロジェクトで五島と出会い、幾度となく通い続けるうちに風景や人など多くの魅力に惚れ、五島への移住を決意した。

私は土木出身であるが事務職員としての採用であるため、設計など技術職の業務は経験していない。では、何をしているのか。答えは「何でも！」である。

入庁4年目であるが、これまでにさまざまな仕事を経験した。ある時は教会の魅力を伝えるレポーター、ある時は島を体感するツアーやイベントを企画するプランナー、ある時はポスターやチラシを手掛けるデザイナー、ある時は市民に向け情報を発信するアナウンサーなど。もちろん部署により軸となる業務は異なるが、さまざまな職業を体験できることも面白いところかもしれない。

しかし学生時代に学んだドボクの知識も、現在の仕事にしっかりと活かされている。例えば、現在所属する税務課での固定資産税額を算出する業務は、面積計算や測量、建材、都市計画といった知識を用いている。これまでにも、重要文化的景観の選定区域内における道路整備などの公共事業では、文化財の価値を損失させない整備工法を、土木担当部局と一緒に検討した。また、どの業務においても、住民の声をしっかりと聞き、合意形成を十分に図る手法が必要であり、学生時代に景観計画を策定した経験が活かされている。これからどの部署に異動しても、学生時代に学んだドボクの知識が活きてくると思う。

皆さんは地方公務員に、与えられた仕事を淡々と形式的にこなし、同じような日々を定年まで繰り返す「お役所仕事」というイメージを持っているのではないだろうか。

私も最初はそうだった。それでも地方公務員を選んだのは、自分が好きな場所のためだけに働くことに強い魅力を感じたからである。これは、民間企業や国・県の公務員では味わえない地方公務員、特に規模の小さい市町村ならではの魅力ではなかろうか。自分の仕事の成果が見えやすく、また市民の反応を直に受けることができるこの仕事に、大変やりがいを感じている。

竹森祐輔（たけもりゆうすけ）　五島市役所勤務。1987年福岡県生まれ。2011年福岡大学大学院建設工学専攻修了。学生時代に携わったプロジェクトがきっかけで五島の魅力に惚れ込み、2011年に移住・入庁。世界遺産登録推進業務や文化的景観を活かしたまちづくり業務などを経て、現在は税務課に所属。得意科目／景観、計画。苦手科目／構造力学、水理学。バイト経験／スポーツクラブ清掃員、ホテルのフロント業務。

ゼネコン——現場を束ねて未来をつくる

私がゼネコンに就職した理由は、「誰もが知る〝ランドマーク〟をつくりたい」この1点の思いからだった。当時憧れていたものは「構造物」であり、ものづくりの「過程」は脳裏になかった。

入社4年目、赴任した河川災害復旧工事で、ものづくりに対する思いは一変した。水害により壊滅的な被害を受けた河川、道路、鉄道などの構造物を復旧する仕事だった。現場では度重なる水害に遭遇し、重機や資機材、構築した構造物の流失や損傷が相次いだ。また大規模な土石流により、近隣で働く14名の尊い命が奪われる瞬間も目の当たりにし、私たちのものづくりが、常に自然と対峙しなければならないことを強く学んだ。こうした災害に直面する度、気落ちすることや苦労も多くあった。

しかし、発注者や現場で働く仲間と協力してものづくりに取り組む過程には、面白さややりがい、使命感を覚えた。つくりあげた構造物はランドマークではなかったが、被災地域の人々の暮らしを、未来まで支え続けるものであるという自負と達成感で、私の心は満たされた。そして地域の人々から「ありがとう」と声を掛けられた時の大きな感動と喜びは忘れられない。こうした、ものづくりの本質を現場で知った時の感動は、今でも鮮明に覚えている。

そんなものづくりに欠かせないもの、それはコミュニケーションだ。私たちの仕事は、ダム、トンネル、橋梁など暮らしになくてはならないものを現場でつくることだ。職種は研究、技術開発、設計、技術管理、施工管理、営業など多岐にわたる。さまざまな職種の枠を超え、発注者や現場で従事する作業者、近隣で暮らす人々など、工事に関わるすべての人々が協働しなければ成しえないものである。協働者から要望や苦情は常にあり、円滑な事業推進のためには、日々対話し、合意形成を図らなければならない。

そうした多くの人々とのコミュニケーションをもとに、「安心・安全で豊かな暮らしを支える製品」を生み出すのが私たちの使命でもある。苦労も多いが、それ以上に面白さややりがい、喜びを実感できる仕事だ。

学生諸君、あきらめないガッツと誰に対しても自ら積極的に対話や議論できるコミュニケーション能力さえあれば、知識は後からついてくる。地球上に「持続可能な社会の礎」という名の〝夢〟をつくりたいあなた。私たちとともに未来をつくりませんか！

金井孝之（かない たかゆき） 鹿島建設㈱勤務。1969 年群馬県生まれ、滋賀県出身。1993 年近畿大学理工学部土木工学科卒業。同年に鹿島建設入社。得意科目／コンクリート工学。苦手科目／英語、水理学。バイト経験／家庭教師、下水道工事、リネン会社など。

橋梁メーカー ――― 橋のプロ集団

橋梁メーカーに入社し、その多くを製作課で過ごしてきた。製作課は、工場の生産と品質を管理する部門である。工場では、桁橋《けたばし》（橋脚の上にわたす桁で支える橋）からアーチ、トラス、斜張橋《しゃちょうきょう》（ケーブルで吊って支える橋）、そして鋼製橋脚など、さまざまな製品が造られる。この異なる特徴をもった構造形式の製品を、高品質に、しかも効率良く造るにはどうすればよいかを日々考えながら実務を行っている。

人の役に立つ構造物の建設に携わりたいという思いを高校の時から抱いていたため、大学では土木工学科を選択した。しかし、いざ就職の時期になると、大学にくる求人募集の多くはゼネコン。今思えば偏見でしかないが、当時、私がイメージしていたゼネコンが建設する構造物は、トンネルやダムといった日常生活ではあまり接することのないものばかりだった。「地図に残る仕事」とはよく言ったものだが、地図に残っても日常生活で接することがない構造物の建設はあまり魅力的に感じられず、就職活動も一向にやる気が起きなかった。そんなときにぼんやりと眺めていた、観光ガイドブックにヒントがあった。そこには各地の観光案内とともに、地域の橋梁がたまたまランドマークとして取りあげられていた。横浜なら「横浜ベイブリッジ」、東京なら「レインボーブリッジ」、大阪なら「港大橋」。これを見たとき、私は橋梁メーカーへの就職を心に決めた。人の役に立つ構造物で、人の生活にも密着している。そして何よりも、トンネルやダムにはない都市のランドマークとして親しまれる構造物である。そんな橋梁にとてつもなく魅力を感じ、悩み続けた就職活動に終止符を打つことができたのだった。

橋梁メーカーの数はそれほど多くはないが、各社ごとにたくさんのエンジニアが、それぞれの得意分野を活かして活躍している。発注された図面・計算書に基づいて製品を製造し、それを架設するまでが仕事であるため、さまざまな部門がある。多くの工事受注を目指す営業部門、構造計算を得意とする設計部門、工場の生産・品質を高める製造部門、架設計画や現場管理を行う工事部門などと、さまざまな専門分野のエンジニアが存在する。構造計算が苦手だからと言って橋梁メーカーで活躍できないわけではない。構造計算が苦手でも工場の製造部門、あるいは現場架設で多くの作業者と力を合わせて成果を出す人もたくさんいる。

あなたの専門分野はどう活かせるだろう。橋梁メーカーも就職先のひとつに考えてみると面白いのではないだろうか。

鴫原志保（しぎはらしほ）　㈱横河ブリッジ勤務。1979 年東京都生まれ。2003 年法政大学工学部土木工学科卒業。2005 年法政大学大学院工学研究科建設工学専攻修了。2005 年㈱横河ブリッジ入社。入社後、製作課や設計課を経験した後、現在工務課に在籍。得意科目／力学全般。苦手科目／都市計画。バイト経験／喫茶店のウェイター、塾講師など。

高速道路会社

――道路の計画から開通まで

「高速道路会社」って知っているだろうか？　ＮＥＸＣＯとか首都高速ならわかるだろうか。昔は「道路公団」という国の機関だったが、道路公団民営化なんて議論があって、民間の株式会社になった。高速道路会社は大きく二つに分かれる。ひとつは、東名や東北自動車道など、都市間を結ぶ高速道路を担うＮＥＸＣＯ（ネクスコ、Nippon EXpressway COmpany limited）だ。地域によって東日本、中日本、西日本に分かれている。もうひとつが、東京や大阪など都市内の高速道路を担う首都高速道路㈱、阪神高速道路㈱などである。私が働いているのは、大都市東京の交通を支える首都高速道路㈱（以下、首都高）である。

なぜ土木工学科に進み、首都高に就職したかというと、高校生の時に瀬戸大橋、横浜ベイブリッジと長大橋《ちょうだいきょう》の建設が続き、橋ってカッコイイと思ったことがきっかけだ。大学院では鋼橋の維持管理の研究をしたので、就職は橋の建設を行う橋梁メーカーやゼネコンが考えられたが、計画から建設、維持管理まで橋も含めた道路のすべてに携わりたかった。それができるのは

「高速道路会社」だということで、生まれ育った東京の首都高を就職先に選んだ。

最初に配属されたのは道路建設の計画部門。建設中の道路計画や環境・安全対策を検討する部署だった。その後も、維持管理の現場や建設・設計と、橋に興味があって入ったものの振り返ると会社人生の半分が建設の計画部門、しかもトンネル。だが今は、知れば知るほどトンネルが面白い。

トンネルは天井や壁と道路空間に制限がある。限られた空間に標識や防災設備などを計画するから、電気設備や換気設備の知識が必要になる。もちろん個別には電気・機械系の社員が検討するのだが、土木社員が総合調整役を担う。計画面では維持管理、設計・施工部門での経験が役に立ち、安全や防災面では警察や消防の方との協働が重要だ。こうした複合的・横断的な仕事に取り組めるのが、高速道路会社の良いところだ。この仕事で一番喜びを感じる瞬間は、道路が開通するときだ。完成した道路を通る人たちが笑顔で手を振ってくれて、「便利になった」って声を聴いたら、それまでの辛くて大変だったことが全部「嬉しい」に変わる。家に帰った時に子どもたちが開通のニュースを見て、「お父さんの道路すごいね、かっこいいね」と喜んでいる姿なんて最高だ。

「高速道路会社」って、大変だけど楽しいですよ。

橘剛志（たちばな つよし） 首都高速道路㈱勤務。1971年東京都生まれ。1996年法政大学大学院工学研究科建設工学専攻修了。1996年首都高速道路公団（現・首都高速道路㈱）入社。得意科目／鋼構造。苦手科目／水理学。バイト経験／塾講師、病院の洗濯室。

鉄道会社

——線路がつなぐまちと暮らし

皆さんは、鉄道会社における土木の仕事をどのようにイメージしているだろうか。私は、建設会社から鉄道会社に転職する際、「鉄道施設の設計・施工・維持管理を行うのだろう」とイメージしていた。実際に入社してみると、想像以上に広い土木の仕事があった。鉄道会社は公共交通機関として、安全で快適な輸送サービスの提供を通じて沿線地域の発展に貢献しなければならない。広い視点をもって利用者の目線に立ち、サービスの向上に努める。そのための鉄道会社における土木の仕事を紹介しよう。

安全を支える——安全面で土木が担う責任は重大である。鉄道の安全や安定運行を支えるため、線路の点検や構造物の維持管理、耐震補強などを行っている。安全を確保し、安心して利用してもらうことが大前提。ここが揺らぐと鉄道会社として成り立たない。最近では社会的要求の高いホームドア（線路転落を防ぐ自動式の安全柵）整備なども推進している。

快適性を高める——通勤時間帯の混雑緩和は重要な課題だ。そのためには線路を増やす複々線化工事などを推進する。また、利用者だけなく沿線の環境向上のための、防音壁の設置や緑化も土木の仕事である。

より速く、確実に――新たに急行列車を走らせることや、急行列車が各駅停車を追い抜くための施設整備を行うことで速達性の向上を図っている。また、同じホームで乗り換えられる駅に改良することや他社との相互直通運転、既存路線を延伸することで利便性の向上を図っている。こういったプロジェクトは関係者も多く長期間に及ぶものも多いが、ここでも土木の人材が、プロジェクトリーダーとなり推進している。難しいプロジェクトも多いが、「便利になった」という利用者の声が届いた時には、言葉にならないほど嬉しいものである。

この3点を基本としつつ、少子高齢化・人口減少時代に多様化する利用者のニーズに応えることが近年の課題だ。通勤時間帯を意識した輸送サービスの向上だけでは、選ばれる沿線にはなれない。これからは、再開発や生活サービスの強化による「駅を中心としたまちづくり」と「輸送サービスの更なる向上」が両輪となって事業を展開していく必要がある。

そのなかで、土木の領域も今まさに広がっていると感じる。最近では、再開発事業でも社会基盤施設を計画したり、事業全体を引っ張るプロジェクトリーダーとして数多くのドボクの先輩が活躍している。駅を中心にまちがにぎわい、人がいきいきと幸せに暮らし、働き、楽しめる沿線を目指すために、土木の仕事は尽きない。

小里好臣（おりよしおみ）　東京急行電鉄㈱勤務。1973年大阪府生まれ。1996年早稲田大学理工学部土木工学科卒業。1996年に㈱フジタに入社し、主に道路橋の設計・施工に携わる。2005年に東京急行電鉄㈱に入社。現在は、鉄道ネットワーク拡充計画や駅の大規模改良計画、バリアフリー計画などに携わっている。得意科目／構造力学、測量実習。苦手科目／水理学。バイト経験／測量会社、塾講師。

電力会社——エネルギーの現場を支えるドボク

水を満々とたたえるダム、地下深部の大規模発電所、波浪に耐える防波堤、風を受けて回る風車。すべて電力会社の土木人が扱うものだ。予想以上に電力会社に勤める土木人の活躍の場は多く広い。この業界に身を置いてから感じたことだ。そして、電力土木という分野があることも初めて知った。ここではその電力土木の仕事の一端を垣間見てもらいたい。

電源開発㈱（J-POWER）に入社して20年弱になる。その間、石炭火力発電所と原子力発電所の新設工事、水力発電所の再生工事に携わった。入社後には石炭火力発電所の石炭を荷揚げするための揚炭《ようたん》桟橋の設計と施工監理に従事した。工事のハイライトは、あらかじめ工場で組み立てられた総質量1000tを超える骨組みを、起重機船で設置するという場面。使用する起重機船は国内最大級の3000t吊りのもの。関係者が見守るなか、それは水平誤差±10㎝の精度で設置された。完成した揚炭桟橋には石炭を積載した海外の運搬船が接岸し、石炭はその後電気に姿を変えて日本全国に配られる。工事もビジネスもスケールがでかい。電力土木の魅力のひとつだ。

その後、大規模水力発電所の再生工事を担当することになった。昭和30年代に造られた老朽化した水車発電機を一括更新する工事だ。新設に比べれば地味な仕事だったが、今稼働している水力発電所の多くが戦後の高度成長期に造られ、これからこうした更新工事が増えていくことを考えれば貴重な経験だった。当時私は30代半ば。父親くらい年の離れた大先輩の技術力と知識量に圧倒されながらも、構造計算をし、設計図を描き、工事費の積算をし、現場で施工監理をし、施工中のトラブルにも対応し、契約変更も行い、丸2年かけてようやく工事完了を迎えた。電力土木技術者が建設工事で携わるすべてを一気通貫で経験した。この仕事でようやく一人前になったという自信を得たが、決してひとりで成し遂げたわけではなかった。会社の上司、同僚はもとより、協力会社、地元の人たちとの良好な関係があったからだ。当時の上司が言った「仕事は和」の一言。経験を積むほどに胸に沁みてくる言葉だ。

現在、電力土木の仕事はさらに広大な技術範囲を必要としている。特に自然環境へは一層の配慮が求められている。例えば、「既存ダムの貯水機能を維持するために、生物環境への影響を最小限にしながら、ダムに貯まる土砂をいかに下流に還元していくか」。モノを造り維持する技術と環境を保全する技術。大きく広がる電力土木のフィールドで、思う存分力を発揮してほしい。

坂田智己（さかた ともみ） 電源開発㈱（J-POWER）勤務。1972年広島県生まれ。1997年大阪大学大学院工学研究科土木工学専攻修了。同年、卸電気事業者である電源開発㈱に入社。その後、主に火力、水力、原子力発電所の建設工事ならびに水力発電設備の維持管理に携わる。技術士（総合技術監理部門、建設部門）。得意科目／土質力学。苦手科目／海岸工学。バイト経験／家庭教師、ファーストフード店など。

海外で働く ——その国に暮らす人のために

この本の読者は毎日大学に何で通っているのだろう？　バス？　地下鉄？　自転車やバイク？　それとも徒歩？　答えが何であれ、土木構造物とのつながりのなかで、大学に通っていることに気づいていているだろうか。交通を含め、普段当たり前に利用している水道や電気などすべてのインフラに、土木は何かしらの形で関わっている。

そして、この日本で当たり前に整備されたインフラが、当たり前ではない国が世界にはたくさんある。私が今生活しているベトナムのホーチミンは、都市化が進み200m以上の高層ビルが相次いで建設されていながら、今なお市内に都市鉄道が存在しない。800万人の市民の移動手段の80%以上がバイクだ。道路を埋め尽くすバイクはベトナム特有の雰囲気を街に与える一方で、慢性的な渋滞と交通事故、排気ガスによる大気汚染が問題視されている。そんな街で私は、日本のODAによって計画が進められているホーチミン都市鉄道の地下鉄駅の設計に2011年より携わっている。

赴任したての頃、当時の私の価値観を大きく変える、ベトナム人との会話があった。何の仕事をしているのかという質問に答えた私に、「ベトナムのために仕事をしてくれてありがとう」と言ってくれたのだ。他にも、「鉄道が早くできあがってほしいから頑張って」という言葉を何度も掛けてもらった。日本では、自分の仕事に対して市民からエールをもらうという経験をしたことがなかった私にとって、これらの言葉のインパクトは小さくなかった。そして海外で、それも土木の仕事をする醍醐味は、ここにある。非常に大きな規模で市民の生活を変える仕事。私が携わっているのは都市化の進んだ街の地下鉄駅の設計だが、土木の本流ともいえる道路や上下水道のプロジェクトでは、市民の生活をもっとダイレクトに変えるチャンスがあるはずだ。

海外で働くにはもちろんいくつものチャレンジが必要だ。言葉や生活環境の違いによるストレス、市民の生活を大きく変えてしまうことへのプレッシャー。日本にいる家族や友人との時間は制限され、日本にいなければいけない時に帰国できないこともある。海外での生活や仕事が楽しいだけだとは決して言えない。それでも、自分が頑張って設計したものができあがり、その場をまちの人が幸せそうに歩いている風景を見ることができるなら、それまでのチャレンジの大きさに比例して、そこで感じる気持ちもより大きいのではないだろうか。いつか私もその気持ちを自分で感じてみたいと思っている。

村木正幸（むらき まさゆき）㈱日建設計シビル勤務。1982年愛知県生まれ。2008年名古屋工業大学大学院社会工学研究科社会工学専攻修了。2008年㈱日建設計シビル入社。以来工場建屋の意匠・構造設計に従事。2011年よりホーチミン都市鉄道の計画・設計業務のためベトナムに赴任。初の都市鉄道となる地下鉄駅3駅の意匠設計に携わる。得意科目／設計製図。苦手科目／外国語。バイト経験／日建設計ほか、アトリエ系建築事務所での模型製作。

総合建設コンサルタント——課題解決の〝総合病院〟

具合が悪くなった時、あなたは病院に行き診察を受けて、薬を処方してもらうだろう。まちも同じだ。交通渋滞や構造物の老朽化など、至るところに具合の悪いところが出てきたら、その原因を調査・分析し、対応策を考え、あなたの暮らすまちを健全な身体にしてあげる役割が必要だ。それこそが土木分野におけるコンサルタントの仕事である。言うなればまちのお医者さんだ。

なかでも、内科や外科をもつ総合病院のように都市計画や環境、防災など、多様な専門医（専門コンサルタント）が集まりトータルソリューションを導く会社、それが総合建設コンサルタントである。

近年、まちの病は深刻だ。例えば高速道路の老朽化を考えてみよう。自動車利用による負荷の抑制は「交通」、建造物の補強は「構造」が、さらに、災害時などのリスク回避は「防災」、排気ガスなど周辺への影響対策は「環境」が検討する。〝治療〟にかかる費用確保を行う「フアイナンス」も欠かせない。このように、私たちは幅広い専門家たちとチームを組み、解決策を導き出すために議論と検討を繰り返して、ひとつの答えを見出すのだ。私が3年目で担当したコミュニティバス導入計画では「交通」と「都市計画」の専門家5人のチームで取り組み、実現に至った。5年以上経過した今でもこのバスは元気に運行していて、これまで行けなかったところに行ける手段となる、高齢者の外出機会が増えるきっかけとなるなど、人の暮らしを支えているのだという実感が得られている。これが、この仕事の醍醐味である。「交通」を専門にまちの病と向き合い早くも9年経つが、道路・橋梁といった基盤づくりから利便性・快適性といった使い方まで抱える課題は幅広く、今なお勉強の日々である。

こうした業務に向き合うなかで私がいつも大事にしているのは、人間的にも技術的にも信頼される一人前の技術者であることだ。相手の考えを的確に理解し、受け入れつつも、客観性・論理性・柔軟性をもって新しい知恵を絞る人間力。そして、数ある選択肢のなかから専門性を活かした自分らしい答えを提案できる技術力。この両者を備え、社内外で信頼を得られる人材であることこそが建設コンサルタントの原点であると思っている。

まちは日々、変わる。つまり、解決策にマニュアルはない。だからこそ私たちは人間力と技術力を集結させ、だれかの暮らしを想像し、創造する想いをもって、毎日頭を悩ましている。そこのあなた、今はない未来の暮らしをともに創ろう。

中込浩樹(なかごめ ひろき)　パシフィックコンサルタンツ㈱勤務。1981年東京都生まれ。2006年早稲田大学大学院理工学研究科建設工学専攻修了。同年4月パシフィックコンサルタンツ㈱総合計画部入社。主に交通計画を専門とし、モビリティ全般の企画、調査、計画に従事。得意科目／数学などの論理的な科目。苦手科目／水理学などの知識のいる科目。バイト経験／コンサル、設計会社、アトリエなど多数。その他／Groundscape Design youth立ち上げに携わり、初代代表を務める。

専門コンサルタント（都市計画）——頼れるまちの〝専門医〟

土木分野には、暮らしを支えるさまざまな技術をもつ専門コンサルタントがいるが、そのなかで私は都市計画を専門としている。あなたは街角でふと立ち止まり、目の前に広がる風景について考えたことはあるだろうか。街並み、人々のにぎわい、遠くの山々は、決して無秩序に存在しているわけではない。これらのあり方を決めるのが都市計画だ。そして都市計画コンサルタントは、生活利便性や防災、交通、経済、観光、歴史などさまざまな観点からまちのあるべき姿を検討し、総合的にバランスのとれた空間にする方法を行政に提案する仕事である。

土木のなかでも都市計画に興味をもったきっかけは、大学時代の旅にある。国内外で訪れたさまざまなまちには、強く心に残る風景があった。端正な街区。瀟洒な並木道。裏路地のレストラン。雑踏。土埃。物売りや客引き。そんな多彩なまちの表情すべてに関わる仕事がしたいと思い、都市計画の分野を選んだ。もちろんコンサルタント以外にも、行政の都市計画課やゼネコンの開発事業部など都市計画を仕事にする方法はいくつかあるが、私が思うに、都市計画コンサルタントは最も都市計画を楽しめる職業である。その理由は次の三つだ。

・いろいろなまちに詳しくなる：大都市から地方都市まで、日本全国の都市で仕事ができるし、海外にもフィールドがある。いろいろなまちを知りたい、行ってみたいという好奇心を満たすことが請け合いである。

・都市計画に関するあらゆるノウハウとスキルが身に付く：仕事で扱う都市計画の対象は、複数の県を跨ぐ広域レベルから駅前の地区レベルまで、スケールもテーマも多様である。そのため、都市を魅力的にする手法を多角的に学ぶことができ、都市が抱える複雑な問題に対して、解決策を導けるようなオールマイティな専門家になることができる。

・好きなまちの都市計画の専門家になれる：都市計画は実現まで10年かかるものもある息の長い仕事である。例えば行政は部署の配置換えがあり、都市計画ばかりに長く携われる人は少ない。一方、都市計画コンサルタントであれば、好きなまちにずっと関わっていくことができる。

最後に。都市計画コンサルタントとして働くうえで大事なのは、まちへの好奇心だと思う。だれよりもそのまちの魅力を理解し、面白がることができて初めて成り立つ仕事。だからまずは、ドボクの眼であなたのまちを歩きなおしてみよう。知らないまちを歩いてみよう。きっとこれまでとは違った風景が見えてくるはずだ。

伊地知大輔（いじち だいすけ）㈱エイト日本技術開発勤務。1982年東京都生まれ。都市計画コンサルタント。技術士（都市及び地方計画）。2005年早稲田大学理工学部社会環境工学科卒業後、同大学院修了（景観・デザイン研究室）。2007年日本技術開発㈱（現・㈱エイト日本技術開発）に入社。以来、自治体の都市計画の仕事に携わる。得意科目／歴史、地理、数学、物理。苦手科目／化学、生物。バイト経験／ファーストフード店など。

シンクタンク——課題解決のプロフェッショナル

シンクタンクといえば、景気の動向を予測し新聞やテレビで解説するエコノミストが活躍するところというイメージが強いかもしれないが、実際は少数派だ。シンクタンクとは、顧客が抱える問題を専門家として解決し、対価をもらうという仕事だ。かつては公共事業関連の仕事が多かったため、シンクタンクには案外土木の人が多くいる。しかし、公共事業が削減された今も、土木の人は多様な分野で活躍している。それはなぜか。土木の人は、複雑な問題を多角的に分析し、課題の本質を捉えてその構造を明らかにし、さまざまなアプローチで解決する訓練を受けているからだ。加えて、社内外の仲間と協調して組織的に社会の役に立つべきという土木的倫理観をもっていることも大きい。まさにシビル（市民のための）エンジニアだからだ。

入社3年目に、公共事業関連の仕事に多く携わるなかでＰＦＩ（Private Finance Initiative）に出会った。インフラを含む公共施設の設計、建設から管理運営、資金調達まですべてを民間で行う新しい事業手法は、使い方次第では財政の健全化とインフラ整備を両立しうる。そう確信してからは、調査研究だけでなくＰＦＩに関する講演や原稿執筆、土木学会などで社外の仲間と研究・提言を行うなど、ＰＦＩを適切に広めることに情熱を傾けてきた。わが国でもＰＦＩは事業手法として定着した感があるが、インフラ分野での実現はまさにこれからだ。

入社6年目から担当した、国土交通省での公共事業評価制度の導入は、公共経済学の「費用便益分析」（事業にかかる費用に比べて、効果がどれだけあるかを評価すること）を行政実務に落とし込むという仕事だった。土木や経済の先生と国交省の土木技官の双方の意見を伺い、学術と実務の橋渡し役を担った。苦労して作成したマニュアル類は今も運用され、役に立っている。誇りに思える、意義ある仕事だった。

その後は、健康・医療分野で食品安全や高齢社会問題に取り組んだ。現在は高齢社会問題を中心に課題先進国である日本を課題〝解決〟先進国とするべく、さまざまな問題を提起し、その解決策の提言や実現に向けた事業開発も行っている。

シンクタンクは課題解決の専門家であるが、各業界の専門的な知識・知見などは大学の先生や日々実務に携わる顧客には敵わない。その代わり、幅広い分野への関心と多様な視点をもつこと、他分野での物事の考え方や問題解決方法を柔軟に活用できることが武器になる。引き出しを多くもち、分野横断的な応用が得意な人に向いている。好奇心旺盛で自らの知的能力をさまざまな分野で活かしたい土木の人にとっては恰好の業界だろう。

長谷川専（はせがわ あつし）㈱三菱総合研究所勤務。1968年石川県生まれ。1993年東京大学大学院工学系研究科土木工学専攻修士課程修了（2005年同社会基盤学専攻博士課程修了）。1993年㈱三菱総合研究所入社。PFIや公共事業評価などの調査・研究に携わり、現在高齢社会問題に取り組む。東京工業大学大学院理工学研究科連携教授、早稲田大学大学院ファイナンス研究科非常勤講師を兼任。得意科目／水理学。苦手科目／土質力学。バイト経験／家庭教師、三菱総研。

不動産会社――まちの形を企画するプロデューサー

まずはデベロッパーの魅力から語ることにしたい。

何より規模が大きいこと、建物として残ること、そして都市に関われること、だと思う。戸建住宅からオフィスビルまで、不動産会社も種々あるが、なかでも大規模な都市開発事業の取りまとめ役といえるのがデベロッパーだ。東京でいうならば、東京ミッドタウンや渋谷再開発のような大型案件の主体はデベロッパーである。私が実際に担当した仕事も、駅前再開発タワーや臨海部の大規模マンション、１００店舗以上が入居する大型ショッピングセンターの運営などがある。これらは、毎日寝起きする家や通うオフィス、買い物に行く場所を開発する仕事なので、目に見える、生活に直結している感覚を得られることが大きな魅力である。

また、事業全体のコーディネーターとして、若い時からある程度仕事を任せてもらえる点も魅力のひとつであろう。私も自社が開発するほぼすべての集合住宅の開発初期段階における青写真作成を担当として任され、設計会社などと協業して非常に充実感のある毎日を送ることができた。

一方でドボク出身の私にとって、正直辛い点もある。まず、敷地で完結してしまう考え方。隣接地と協力したり街路を含めて開発に付加価値をつける、周辺環境を意識して植栽の多い計画にするといった具合に、少し視野を広げて取り組めば、まちにとってもっといいものができるかもしれないのに、その「少し」の実現は非常に困難である。それから時間感覚の違い。まちとともにある50年、100年は残る建物に携わっているはずなのに、長くてもせいぜい3年周期のビジネスには、どうしても違和感を抱いてしまう。最後に儲け。会社として大事なのは理解できるが、利益第一主義にはどうにも馴染めない。

ドボクの学生にはおすすめできないかのようなことを書いてしまったが、実は最もドボク向きだと思うことがある。この仕事は単独では成り立たない、ということだ。図面を描く設計事務所、建設するゼネコン、販売なら仲介会社、宣伝は広告代理店と、あらゆる人たちの手助けを得て、ようやくひとつの事業となる。多くの人の力や思いを同じ方向に向け、個人ではできないことを実現させる能力が、デベロッパーには必要である。この集合知の文化がドボクにはあり、この感覚を養える環境がドボク学科だ。

濱元優（はまもと ゆう）　東急不動産㈱勤務。1982年東京都生まれ。2008年東京大学大学院工学系研究科社会基盤学専攻修了。2008年より同社にて住宅部門に携わり、いくつかのマンション建設や営業、広告宣伝関係など住宅事業の一通りを経験。2014年より商業施設部門へ異動し、商業施設の運営を担当。得意科目／歴史系、スペイン語。苦手科目／熱力学、スケッチ。バイト経験／塾講師、土木設計事務所など。

総合商社――"ドボクの総合力"が活かせる仕事

就職活動をしながら、商社でエネルギーを担当することになるとはまったく想像もしていなかった。ドボク学生時代の研究テーマは「農業や生活排水が河川に与える窒素負荷のコンピューターシミュレーションモデルの開発」というもので、その研究を進めていく過程で、食糧資源が世界中でどのように分布し、各地域に分配されているのかということに興味をもち、食糧のトレーディングに関わりたくて総合商社を目指したのだが、フタを開けてみるとエネルギーを担当するグループに配属されて今はLNG（液化天然ガス）に関する仕事、具体的にはLNGの日本向け販売やプロジェクト管理などを担当している。

入社してすぐの頃は、どうして総合商社みたいな文系の会社に入ったのか、とよく聞かれた。誤解なきよう言っておくと、最近は総合商社でも半分近くは理系の学生を採り、さらにその内の半分近くは大学院修了生だ。なぜならば、いわゆる文系の企業が就活生に期待しているものが、文系の専門知識ではなく、その人自身がこれまで学んできた教養だからであり、その教養があれば文系でも理系でも関係ないからだ。私自身、LNGを担当することが決まった時は、これまでの教養を活かしつつ、また一から勉強だなと思った。

と、ここまではよくある理系の文系就職の話なのだが、数ある理系学科のなかでも土木というのは総合商社ととっても相性が良い、と最近よく感じる。多岐にわたる業務のなかでも、銀行や建設会社、コンサルタントなどと組んで大型のプロジェクトを推進するのが、伝統的に総合商社のひとつの典型（私の担当するLNGもこのひとつ）となっている。そのなかで総合商社が果たす役割は、一言で言うと「全体観を持って、関係者間の調整を行うこと」である。

これは土木の重要なテーマのひとつでもある。ダム建設を例に取ると、ダム建設は周辺地域住民のみならず上流・下流の住民の生活や周辺の自然環境など、非常に広範囲にわたって多くの人々に影響を与える。当然良い面ばかりではなく悪い面もあるわけだが、総合的に見て進めるべきなのか否かという判断も下さなければならないし、そのうえで悪い影響を被る人々にはダム建設の意義や補償内容をよく説明し、理解を得なければならない。

このように、土木では構造設計や環境評価といった純技術的な話のみならず、政治的なセンスも両輪で求められるのだが、この後者を学べるのは文系・理系を含めても土木ならではの特徴かなと感じている。

児玉健（こだま けん）　三菱商事でLNG（液化天然ガス）の日本向け販売やプロジェクト管理などの仕事を担当。1982年広島県生まれ。2008年東京大学大学院工学系研究科社会基盤学専攻修了。大学の4年間はアメリカンフットボール部、大学院の2年間は土木工学の研究に熱中。研究テーマは河川に対する窒素負荷をシミュレーションするコンピューターモデルの開発。得意科目／数学、化学。苦手科目／英語。バイト経験／家庭教師、マクドナルドなど。

測量会社 ——国土を測る仕事

大地の上で仕事をする土木では、大地を正確に測ることがすべての基本になる。

測量は私たちの生活とは縁遠い世界のように思えるが、実は最も身近に生活を支えている。例えばスマートフォンのGPS機能だ。友達とランチに行く時、その店まで何分かかり、どの電車で行き、駅を出てどちらの方向に進めばよいのかを教えてくれる。コンピュータ技術の発達とともに、測量成果がより身近に活用されるようになってきた。

測量には多彩な知識が必要だ。授業で習うような、都市計画や防災工学、公共事業の成り立ちや民法などの法律はもちろんのこと、さらに現場ではもっと多様な知識が必要となる。ハチやマムシの対処法、木の種類の見分け方、山の歩き方や天候の予測など、まだまだたくさんあるが、とにかくいろいろな知識が必要だ。仕事をしながら常に自分の成長を実感することができ、毎日が新しい発見の連続だ。

測量の仕事は〝精度〟がすべて。時として0.1㎜単位での正確さを求められる苦労もある。だが同時に、それによって正確な地図ができ、利活用されることは、測量技術者冥利に尽きる。日本の測量技術は、高度かつ先進的である。狭い国土を正確に測るため、諸外国に比べても要求される精度は高い。今後は、全体を把握するのに有利な航空写真を利用するアメリカやヨーロッパの技術と、詳細な測量が求められる日本の技術を融合させて、3D化によるシミュレーションや工事にも利活用されていくことだろう。

大学時代、測量実習でトラバース測量を学んだ時のこと。計算すると、精度はなんと1/74(このとき要求された精度は1/3000だったので、桁違いに精度が悪かった)。グループの皆で「目測より悪いね」なんて話をしながら暗くなるまで再測したことも、今となってはいい思い出だ。大学に入って初めてのグループ作業で、皆で協力することの大切さを学んだ。この経験が、今の仕事を選ぶきっかけになったと思う。今の職場にも、農業やコンピュータなどいろいろな専門技術をもった人がたくさんいる。土木だけど土木だけの世界ではない。こんな面白い仕事は他にない。

古代、人はどうやって食料の場所を探し記録していたのだろうか。測量して地図をつくることは、人類が生活するための重要な情報を記すことだ。だれも踏み込んだことのない土地を測り、地図をつくる。つまり測量とは、生活を豊かに、そして安全にするための道標のようなものなのだ。

吉田哲也(よしだ てつや) 松本コンサルタント勤務。1973年徳島県生まれ。1996年日本大学理工学部土木工学科卒業、松本コンサルタントに入社。現在に至る。2012年から徳島大学工学部建設工学科の非常勤講師。得意科目/測量学。苦手科目/水理学。バイト経験/家庭教師。

設計事務所――あくなきクリエイティビティの追求

ここ十年で、土木のデザインを学べる大学は結構増えたように思う。「景観」という専門分野がそれにあたる。一方、ドボクの就職先としての設計事務所はまだ少し特殊な存在である。「土木のデザイン」をメインの仕事とする設計事務所は歴史が浅く、数も少ないのが実情だ。

設計事務所は、ワークスタイルが他の会社とは異なる。一般的な会社よりも朝が遅く、夜も遅い。複数のプロジェクトが同時進行するうえ、デザインは終わりのない作業なので、夜も遅くなりがちだ。会社の規模は比較的小さく、概ね10人以内といったところだろうか。若い世代が中心となって構成されていることが多く、ひとつのチームという雰囲気がある。その雰囲気はサッカーに例えるとわかりやすい。一人ひとり異なる個性や特技・特徴を活かしつつ、協力しながら仕事をしている。人数も少ない分、それぞれの役割も責任も大きくなる。そこが大変なところでもあり、やりがいでもある。

小さい組織だから入社すると例外なく即戦力として働きはじめることになる。そのため、学生時代に備えておくべき素養がある。まずは、橋、川、ダム、広場など、幅広いドボクの基礎的知識とデザインの知識。設計事務所では土木構造物全般のデザインを対象とするためである。ただし知識だけでもダメだ。実際に手を動かしてデザイン、ものづくりができなければならない。さらにはデザインを他人に伝える技能も必要である。模型やCG、パースなど手法はさまざま。なかでも模型制作のスキルは必須と言ってよい。模型は検討にもプレゼンテーションにも使用する。プレゼンテーションでは、コミュニケーション力も重要だ。

こう書いていくと、道はとても険しく見えるだろう。しかし最初から完璧である必要はない。学生時代から多くのものを見て、常に新しいことにトライし、さらに自分を成長させようという意識を持ち続けることが大事なのである。デザインに終わりはない。最も必要なのは、忍耐力と向上心である。

あなたが土木のデザインに興味をもったなら、まず設計事務所のアルバイトに行ってみることをオススメする。その面白さも大変さも、肌で感じてみるのが一番。事実、設計事務所で働いている人の多くは、設計事務所でのアルバイト経験をもつ。

まずは事務所のドアを叩き、土木をデザインする実務の現場を見てみよう。そこには厳しくも楽しいデザインの世界が広がっているはずだ。

山田裕貴（やまだ ゆうき）　有限会社 eau（設計事務所）勤務。1984 年愛媛県生まれ。2006 年熊本大学工学部環境システム工学科卒業、2008 年同大学院修士課程修了、2011 年東京大学大学院工学系研究科社会基盤学専攻博士課程修了。2011 年に有限会社 eau 入社。博士（工学）、法政大学兼任講師。得意科目／演習・実験系科目。苦手科目／水理学。バイト経験／カフェ、設計事務所、建設コンサルタント。

NPO（非営利法人）――社会が求める課題解決請負人

復興支援を行う一般社団法人RCF復興支援チーム（以下RCF）で働いている。RCFは、被災住民、支援企業、NPO、行政による復興プロジェクトを企画調整し、推進する組織であり、復興コーディネーター集団を自称する、約60名の団体である。法人格は厳密にはNPO法人ではないけれど「ベンチャーNPO」と呼ばれることも多い。私は、なかでも行政関係や、コミュニティ支援の案件を中心に担当している。

ここ数年、行政・企業だけでは担えなくなってきた課題解決を、NPOに求める動きが増えてきたと言える。私自身も、「まちづくり」をテーマに、国家公務員を振り出しにキャリアを歩んできたのだが、徐々に限界を感じ、約10年余りで、キャリアを変えることになった。いまの仕事のやり方を選んで、結果として二つのメリットがあった。ひとつは、仕事に一層リアルな手ごたえを感じられていること。私の場合は、福島県双葉町や大熊町（いずれも全町避難中）のコミュニティ支援といった、まちづくりや震災復興のなかでも重要かつ先進的な対応策が求められる仕事に携わることができた。もうひとつは、新興組織ならではの経験が積めること。NPOは、老舗を除けば数人規模のベンチャーも多く、必然的に一人当たりの担当領域は大きくなる。私自身も今の仕事でマネジメントと組織運営を一から学び直したと言っても過言ではない。その際、大学で人と地域のことを、理論とともに学んだ経験は今の活動に大いに役立っている。そして、プロジェクトマネジメントの重要さもあわせて学びなおしたところである。

読者の多くにとってリアルタイムの記憶ではなかろうが、1995年の阪神淡路大震災による市民活動の高まりがきっかけとなり、3年後のNPO法が成立したと言われている。その後、政策の後押しと、何よりも各団体の活動と努力を経て、わが国でもNPOの存在感が高まってきた。

しかし、NPOという非営利組織ならではの難しさもある。多くの団体では、組織とメンバーの経済基盤が不安定なこと、かつ大きな波及効果をもつ活動がまだ多くないこと、などが挙げられる。これらを解決するには、今後広い意味での経営の革新が必要になるだろう。アメリカでは数年前に、ティーチ・フォー・アメリカというNPOが、全米の就職先人気ランキングで1位になったこともあったそうである。日本でもさらに、有能な野心ある人材が参入してくれることを期待する。

山本慎一郎（やまもとしんいちろう）　一般社団法人RCF復興支援チームシニアマネージャー。1977年東京都生まれ。2000年東京大学工学部都市工学科卒業、2003年政策研究大学院大学（開発政策）修士。2000年に国土交通省に入省し、2012年に退官。コミュニティデザイン事務所を経て、一般社団法人RCF復興支援チームへ。2015年より奈良県明日香村政策監（任期付非常勤）兼務。得意科目／英語。苦手科目／構造力学。バイト経験／政策シンクタンクなど。

研究職――いつも社会のために研究を

工学、特に土木の分野では、真理を深く追求する研究者といえども社会と向き合うことが重要である。では、社会のための研究とはどのようなものか。一言で言うと、「課題解決型」の研究を指す。地震・台風などの災害や環境・エネルギー問題など、社会のなかには解決困難な課題がたくさんある。これらの課題に発想を得た問題を設定し、解決の糸口を探る研究が求められているのだ。

とはいえ、社会の前線で働くような〝技術者〟の課題解決と何が違うのか。

まずは、地震のような自然現象や構造物の破壊挙動など、複雑な現象の本質を見極め抽象モデル化するように、研究者は課題から「一般解」を導くこと。そしてなおかつ、その課題が社会で顕在化する〝前〟に取り組むことだ。例えば、構造物の耐震設計を行う際に用いる「想定地震動」は一般的に、対象とする構造物にとって不利な設定をすることが重要だ。従来、現場の技術者は、過去に観測された地震動をそのまま用いることが多かった。しかし、より大規模な地震が懸念される近年は、研究者が把握する理学的真理（断層やプレート運動による地震発生メカニズムなど）を応用することが急務とされる。複雑な構造物の挙動では、その真理を見極めるために高度な実験を繰り返す。しかし最終的なアウトプットは、現場の技術者たちが即座に数値解析や設計を行える〝本質を簡略化した構造設計モデル〟の構築が求められる。

こうした研究で最も重要なことは、より良い「研究対象」を発見することである。例えば私の専門分野でいうと、単に構造物を強くする〝耐震〟一辺倒の時代から、構造物の動的挙動に関する理解が深まり、大地震の揺れから免れるようにする〝免震〟、構造物の揺れを積極的に制御する〝制震〟などの技術が生まれてきた。こうした優れたアイデアは、多くの論文を読むことはもちろん、学会の「研究委員会」、または、より実務に近い課題に取り組む「技術検討委員会」で発見することが多い。研究委員会では、時間の制約にとらわれず、将来必要になるであろう研究課題にじっくりと取り組める。技術検討委員会は、緊急性の高い問題やその解決のために用いられる研究成果がわかることも多く、研究者にとって貴重な社会との窓口である。

良い研究対象を見つけられたら幸いだが、土木研究には、研究中に何度も社会における立ち位置を確認し、社会を意識することが必須だ。たとえ真理追究型の基礎研究、つまり〝研究のための研究〟であっても、その心が社会に向いていること。だから優れた土木研究者は、単に研究能力が高いだけではなく、コミュニケーション能力が高いことが重要なのである。

高橋良和（たかはし よしかず） 京都大学大学院工学研究科社会基盤工学専攻准教授。1970年京都府生まれ。1996年京都大学大学院工学研究科土木工学専攻修了。京都大学工学部助手、カリフォルニア大学バークレー校リサーチフェロー、京都大学防災研究所准教授を経て、現職。2014年より日本学術会議連携会員。得意科目／物理。苦手科目／国語。バイト経験／商品配達、家庭教師など。

写真家 ——ドボクをはみ出した生き方

大学でドボクを学び、卒業と同時にフリーランスの写真家になった。日々の仕事の半分はドボクに関わる。多くは土木専門誌の取材や建設会社から依頼された写真撮影で、被写体は「工事現場」であったりする。

写真家を志すうえで、土木構造物というモチーフを得ていたことはラッキーだった。やりたいことに具体性があるので、周りの理解も得やすい。ありがたいことに、学生時代の恩師は私に撮影の仕事を与え、研究室の先輩は土木専門誌の記者を紹介してくれた。そして、仕事先の社長の紹介で生涯の師匠と知り合った。もちろんこの仕事で、「学校で写真を学んでいない」ことは明らかに不利である。それでも、取材先やクライアントとの間でドボクという共通言語をもてるのは、私の最大の強みだろう。土木業界への道も捨てがたかったが、最終的には、仕事に馴染みがあること、拡張性があること、そしてドボクへの興味そのものを生かせることを理由に、今に至る針路をとった。

ドボクに興味をもったのは高校生の頃。橋の構造や交通計画、まちづくりといった自分の興味すべてが土木工学科にはあった。それ以外に前向きな進学は考えられなかった。一方カメラはというと、趣味に過ぎなかったが、たまたま見た求人広告がきっかけで、大学入学前から写真撮影で収入を得るようになる。そうして大学卒業まで4年という時間をかけて、この仕事の面白みと苦悩を知っていった。ただ、同級生の半数が土木業界に就職するなか、自分がどういう仕事に就くべきかという問いは在学中もずっとついてまわった。職業の選択は、よくよく考えた末のことである。

社会に出てからは、やりたい職業に就くこと以上に目の前にある仕事をいかに面白がって取り組めるかが重要であると実感している。例えば、2010年頃から取り組んできた土木学会の委員会活動「土木コレクション」のなかで、土木遺産を撮影したことは、大学在学中、土木史の授業がなかった私にとって、日本の近代化以降のドボクを紐解く良い機会となった。土木遺産は、私を含むドボクの人間にとっては学ぶべき要素が多い〝生きた教材〟である。

学生の間は、勉強もいいがバイトやサークル活動も怠らず、社会に出てからもこうした関心事に接し続ける広い眼をもってほしい。君の中の能力を引き出すきっかけになるだろうから。私はそうしてドボクをはみ出した生き方を歩んできた。はみ出ていながらも、ドボクの奥深さを知ることができる絶好のポジションを確保したと自負している。願えば、道は拓ける。

大村拓也（おおむら たくや）　写真家。1982年東京都生まれ、茨城県・神奈川県育ち。AO入試により2002年早稲田大学理工学部土木工学科入学。在学中より所属学科教授の小泉淳氏、土木写真家の西山芳一氏に師事。2006年大学卒業後、土木専門誌を中心に土木施工の現場や土木遺産をフリーランスで撮影する。土木学会正会員。得意科目／地理。苦手科目／水理学。バイト経験／結婚式施行撮影（2014年末時点で計1169組撮影）、鉄道会社駅務。

まちの人——ドボクの眼をもって生きること

人はその一生のなかで、まちとの関係を大きく変化させながら生きていく。親に手を引かれてまちに足を踏み出す幼児や園児。通学路をひとりで行き来するようになる小学生。少しずつ行動範囲を広げる中学生や高校生。大学生にもなれば、かなり長い時間をまちで過ごすようになるだろう。家庭をもち、子連れでまちを歩くようになれば、低い目線とゆるやかな歩調によって、これまで見過ごしていた道端の動植物や何気ない脇道など、身近な環境の魅力を再発見したりする。さらに歳を重ねれば、幼少期の記憶がよみがえってきて、「原風景」を思う気持ちが強くなったり、これまで縁のなかったバリアフリーをありがたく感じるようになったりするのかもしれない。

そんな人生の、ある段階でドボクを学ぶと、まちをドボクの眼で見ることができるようになる。例えば都市の安全性。例えばまちの歴史。例えば地域の文化。それまで見えなかったものも、ドボクの眼があぶりだすように見せてくれる。写真には映り込まないまちの姿を捉え、それまで何気なく通り過ぎていた道や川、橋や駅に味わい深いドラマを感じさせてくれる。それはつまり、皆さんがドボク学科を卒業したあかつきには、たとえ土木業界に就職しなくても、「ドボクの眼をもつまちの人」として生きる道がひらける、ということでもある。

筆者は現在子連れの主婦として、いまだかつてなかったほど自宅近辺に密着した暮らしをしているが、ドボクの眼はここでもさまざまな発見をもたらしてくれる。そして、まちはつくるだけでは完成しないということを改めて思う。人々がそのまちをどう生きるか、それが重要なのだ。公園で遊んだ後、踏切を渡って線路沿いに駅まで歩き、近くの商店街で買いものをしながらブラブラして、今度は別のルートで寺の境内を通り抜けて帰ってくる。そんな日常を子どもとともに楽しむ日々が、それだけでまちへの貢献になる、というのは言い過ぎかもしれないが、ドボクの眼をもつまちの人にはそのくらいの自負があっていい。

今この本を手にしている皆さんは、ドボクではまだスタート地点に立ったばかりかもしれないが、「まちの人」としてはすでに十数年の経歴があるはずだ。そんな過去や現在の自分と向き合いながらドボクの眼を養い続け、職種を問わず、生涯を通じて社会に資する可能性を広げていってほしい。

佐瀬優子(させ ゆうこ)　フリーランス通訳翻訳者。1975年千葉県生まれ。2001年東京大学大学院社会基盤工学専攻修了後、独ダルムシュタット工科大学に留学。同大非常勤講師を経て、2008年から名古屋大学国際環境人材育成プログラム特任助教、出産を機に2011年退職。現在は不定期に仕事をしつつ育児中心の生活。得意科目／国語、数学。苦手科目／暗記モノ。バイト経験／建設コンサルタント、カフェ、通訳、家庭教師など。

column

ドボクの魅力 5

風景のなかの土木構造物

静岡県・新東名高速道路島田金谷 IC 付近（photo by Takuya Omura）

新東名高速道路は 2012 年、従来の東名高速道路を補完し、日本の物流の大動脈を増強するため、静岡県内の区間が部分開通した。カーブや坂をゆるやかにするなど従来の高速道路以上に走りやすさを追求している。山あり谷ありの起伏が多い地形において、理想的な線形の道路を実現させる過程で、橋やトンネルの技術は新たな進化を遂げた。求められるものがある限り、ドボクは発展しつづける。（大村拓也）

編集後記

例えば直線なら最短距離のはずの高速道路が曲がっているだとか、川の中の橋脚は小判型だとか、高架道路も道路を跨ぐところは鉄だとか。それらにはすべて意味がある。ドボクを学ぶつもりではなく、実はなんとなく入ってきた学生も多いドボク学科。そんな学生にとって、ドボクの授業はおそらく苦痛でしかないだろう。でも日常はドボクであふれていて、すべてに意味があることを考えながら聞けば、きっと授業も面白い。本書の編者が集まった最初の会議は、それぞれのドボク話で大いに盛りあがった。そんな雰囲気を盛り込みたいと思った。この本を読んで、ちょっとマニアックなドボク的学生生活を楽しんでほしい。

真田純子

ドボクに足を踏み入れて15年。今思うのは「ドボクって楽しい！」ということだ。その理由を本書の編集を通して考えていた。結論としては「ドボクは難しい」からだと思う。土木工学は「Civil Engineering」、市民工学である。市民の幸せとは？　その幸せのために何ができる？　それを考えるのがドボクであり、土木技術者だ。人や地域、それぞれに異なる〝幸せ〟を理解するのは難しい。だからいろんな場所に行き、人に会い、対話し、理解しようとする。答えが出るときもあれば、出ないときもある。だけど、人とのつながりからこの難題に向き合うことが、今は楽しくて仕方がない。皆さんにもドボクをとことん楽しんでほしい。この本がその一助になれば幸いだ。

中村晋一郎

ドボクという分野があることを知ってはいるけれど、人々の生活に密着した分野らしいけれど、何となく漠然とした感じがして大学で何を勉強するのかよくわからない、といった声を耳にすることが少なからずある。そんな声への回答のひとつがこの本だ。私自身もこの本でドボクの魅力を再認識できた。普通に、何の問題もなく利用できて〝当たり前〟の土木施設には、さまざまな技術が用いられ、多くの先輩たちが知恵を絞って携わっていることを誇りに思ってもらいたいし、積極的に仲間に加わってもらいたい。そういった思いを少しでも伝えられたのであれば、この本の編著に携わったひとりとして幸せに思う。

仲村成貴

大学では学びはじめたばかりの学生にドボクの全体像を伝える機会があまりない。それが学生の興味喪失や漠然とした不安感につながるのではと気になっていた。しかし、たとえ機会を与えられたとしても、多岐にわたるドボク分野のなかで、ひとりの教員が全体を語ろうとすることには躊躇がある。正規カリキュラム以外での時間の使い方、広い意味での勉強の仕方については断片的にしか伝えられないことをもどかしく感じていた。そういった意味で、この本は私個人としても待望の本だ。この本が多くの学生諸君にとってドボクの広さと面白さ、楽しみ方を知るきっかけになることを願う。

福井恒明

●監修

佐々木葉（ささき よう） 1961年生まれ。早稲田大学創造理工学部社会環境工学科教授。建築出身ながら今や土木の景観・デザインを担う。前土木学会誌編集委員長。

●編著

真田純子（さなだ じゅんこ） 1974年生まれ。東京工業大学環境・社会理工学院准教授。土木史・都市計画史研究のほか、地方にいた経験を活かし、地域まちづくりを実践中。

中村晋一郎（なかむらしんいちろう） 1982年生まれ。名古屋大学大学院工学研究科土木工学専攻准教授。河川と水問題に日本から世界まで熱く迫る。

仲村成貴（なかむら まさたか） 1972年生まれ。日本大学理工学部まちづくり工学科准教授。構造と地震防災から土木のまちづくりを支える。

福井恒明（ふくい つねあき） 1970年生まれ。法政大学デザイン工学部都市環境デザイン工学科教授。景観の理論研究と計画実践で全国を奔走。

※2018年1月現在。本文中の所属（2015年4月第1版第1刷発行時）とは一部異なります

ようこそドボク学科へ！
都市・環境・デザイン・まちづくりと土木の学び方

2015年 4月 1日 第1版第1刷発行
2021年 2月20日 第1版第5刷発行

監修者 …… 佐々木葉
編著者 …… 真田純子、中村晋一郎
仲村成貴、福井恒明
発行者 …… 前田裕資
発行所 …… 株式会社 学芸出版社
〒600-8216
京都市下京区木津屋橋通西洞院東入
電話 075-343-0811
http://www.gakugei-pub.jp/
E-mail info@gakugei-pub.jp
装　丁 …… フジワキデザイン
挿　絵 …… 佐久間真人
印　刷 …… オスカーヤマト印刷
製　本 …… 山崎紙工

ISBN 978-4-7615-1349-8